XIAOLIZHONG
KAFEI
SHENGCHAN XIN JISHU

小粒种咖啡
生产新技术

主编 李贵平 胡发广 黄家雄

U0251151

云南出版集团

云南科技出版社

·昆明·

图书在版编目（CIP）数据

小粒种咖啡生产新技术 / 李贵平, 胡发广, 黄家雄
主编. -- 昆明：云南科技出版社, 2020.12
ISBN 978-7-5587-3218-8

Ⅰ.①小… Ⅱ.①李… ②胡… ③黄… Ⅲ.①咖啡—
栽培技术 Ⅳ.①S571.2

中国版本图书馆CIP数据核字(2020)第246236号

小粒种咖啡生产新技术
XIAOLIZHONG KAFEI SHENGCHAN XIN JISHU

李贵平　　胡发广　　黄家雄　主编

责任编辑：杨志能
封面设计：长策文化
责任校对：张舒园
责任印制：蒋丽芬

书　　号：ISBN 978-7-5587-3218-8
印　　刷：云南金伦云印实业股份有限公司
开　　本：889mm×1194mm　1/32
印　　张：6.5
字　　数：150千字
版　　次：2020年12月第1版
印　　次：2020年12月第1次印刷
定　　价：50.00元

出版发行：云南出版集团公司　云南科技出版社
地　　址：昆明市环城西路609号
网　　址：http://www.ynkjph.com/
电　　话：0871-64190973

本书为以下项目成果 ▶▶▶

科技部国家重点研发计划项目"咖啡化肥农药减施增效技术集成研究"（2018YFD021108）

科技部国家重点研发计划项目"咖啡可可产业链一体化示范（2020YFD1001202）"

云南省科技厅"老挝北部山区咖啡科技示范园建设项目"（2019IB013）

云南省重大科技专项"生态咖啡园栽培技术研究及质量控制体系构建及其应用"（2018ZG015）

云南省农业厅"云南省咖啡产业技术体系建设"（2017KJTX009-1）

云南省科技厅"精品咖啡新品种选育及新技术集成示范应用"（2017RA01414）

云南省农业农村厅"云南省咖啡产业损害监测预警项目"（2017011）

农业部"咖啡产业信息分析与研究"（15RZNJ-53）

农业部948专项计划"咖啡加工关键技术引进、创新及推广"（2009-Z25）

内容简介

　　本书由云南省农业科学院热带亚热带经济作物研究所咖啡专家组织编著。本书集成了国内外最新咖啡科研成果，内容包括概述、植物学特征、生物学特性、咖啡园营建技术、育苗技术、定植技术、田间管理技术、施肥技术、病虫害防治技术、初加工技术、深加工技术和咖啡冲煮与制作等相关内容，系统介绍了咖啡"从种子到杯子、从田间到餐桌"相关知识和新品种、新技术。

　　本书理论联系实际，以突出实用性为重点，对科研、教学、生产、商贸等从业者具有重要指导意见，对咖啡消费者和政府制定产业政策也具有重要参考价值。

前言

　　咖啡是世界三大饮料作物之一（咖啡、茶叶和可可），2019年全球咖啡收获面积1058.28公顷，咖啡豆产量为1001.62万吨，出口量为793.56万吨，进口量为771.76万吨，消费量为983.65万吨，农业总产值达300多亿美元；咖啡种植农户2500万户，为全球1.25亿人提供了就业机会，饮用咖啡的人口达15亿人，因此咖啡在世界热带农业经济、国际贸易以及人类生活中具有极其重要的地位和作用。1884年，英国商人从菲律宾将咖啡引入中国台湾；1893年滇缅边民从缅甸将咖啡引入云南德宏州瑞丽市户育乡弄贤寨；1892年，法国传教士从越南将咖啡引入云南大理州宾川县平川镇朱苦拉村；1908年，华侨从马来西亚、印度尼西亚将咖啡引入海南省；此后，福建、广东、广西等地先后从东南亚引进咖啡种植，从此开创了我国咖啡早期引种栽培新纪元。

目前，我国的咖啡主产区主要分布在云南、海南、四川三省，广东、广西、福建有少量分布；2016年西藏墨脱县开始试种，2017年贵州赤水市开始试种。2019年，我国咖啡种植面积达140.30万亩，居全球第25位；总产量达14.55万吨，居全球第12位；农业总产值达22.37亿元；咖啡及制品出口量7.78万吨，居全球第17位；进口量10.33万吨，继欧盟等国后居全球第9位；咖啡消费量为19.50万吨，继欧盟等国后居全球第9位。我国咖啡消费量总体呈快速增长趋势，2010～2019年平均增长率为19.83%，为全球消费量增长率的10倍之多。研究表明，我国已成为世界咖啡生产、商贸和消费主要国家之一。

2019年度，云南省咖啡种植面积138.80万亩，产量14.50万吨，农业总产值达22.28亿元，咖啡面积、产量和产值均占全国的98%以上，成为我国最大的咖啡生产与出口基地，在促进云南边疆热区精准扶贫、繁荣边疆民族经济、振兴乡村战略、创建环境友好等方面发挥重要作用。

综上所述，咖啡已成为云南省一枝独秀的朝阳产业，并在国际市场上深受欢迎。发展咖啡产业对加速云南省热区资源的开发利用，推进咖啡产业持续健康发展，促进云南省热区农业农村经济发展、农民增收和建设热区社会主义新农村具有重要的作用。特别是在新时代，发展咖啡产业打造世界一流绿色食品牌，对实施乡村振兴战略具有重大深远的战略和现实意义。

为促进咖啡产业持续健康发展和满足咖啡种植、加工、商贸等从业人员和消费者的需求，我们总结了云南省农业科学院热带亚热带经济作物研究所六十多年来咖啡研究成果，并参考国内外最新的咖啡研究成果，编写了《小粒种咖啡生产新技术》一书，本书共十一章，第一章概述由黄家雄、左艳秀编写；第二章植物学特征由李亚男、武瑞瑞编写；第三章生物学特性由杨阳、李亚男和罗心平编写；第四章咖啡园营建技术由程金焕编写；第五章育苗定植技术由李贵平编写；第六章田间管理技术由胡发广编写；第七章施肥技术由吕玉兰编写；第八章咖啡病虫害防治技术和附录咖啡栽培管理历与简表由李贵平、胡发广编写；第九章咖啡初加工技术和第十章咖啡深加工技术由何红艳、毕晓菲、杨旸和张晓芳编写；第十一章咖啡冲泡和制作由张晓芳编写。该书在编写过程中得到相关专家的建议与悉心指导，也得到了相关部门与领导的大力支持，在此表示衷心的感谢；在编写过程中参阅了大量的国内外相关文献资料，在此向相关文献的作者和译著者表示衷心的感谢。由于编写人员能力和经验有限，书中难免出现纰漏与不足，敬请相关人员批评与指正。

编　者

2020年9月19日

目 录

第一章　概　述

咖啡原产非洲中北部热带雨林，是世界三大饮料作物（咖啡、茶叶、可可）之一。目前，全球咖啡收获面积一千多万公顷，总产量一千多万吨，农业产值三百多亿美元；咖啡种植农户2500万户，为全球1.25亿人提供了就业机会，饮用咖啡的人口达15亿人，因此咖啡在世界热带农业经济、国际商贸以及人类生活中具有极其重要的地位和作用。

第一节　⬤ 咖啡营养价值、保健功能和产业效益

一、咖啡的营养价值

咖啡的主要利用部分为咖啡豆（种仁），咖啡豆富含淀粉、脂类、蛋白质、糖类、咖啡因、绿原酸、葫芦巴碱、芳香物质和天然解毒物质等成分（详见表1），在饮料工业、食品工业和医药工业等方面具有广泛的用途。

表1　咖啡豆营养成分分析

检测项目	临沧咖啡豆	保山咖啡豆	普洱咖啡豆	德宏咖啡豆
蛋白质（%）	12.0	13.60	14.10	13.60
粗脂肪（%）	8.76	10.54	12.38	11.20
总糖（%）	10.9	9.21	8.49	9.21
咖啡因（%）	0.94	0.83	0.72	0.75

续表1

检测项目	临沧咖啡豆	保山咖啡豆	普洱咖啡豆	德宏咖啡豆
粗纤维（%）	15.53	20.90	22.60	25.20
水浸出物（%）	30.6	27.70	33.60	30.40

资料来源：云南省农科院热经所委托农业部（昆明）农产品质量监督检验测试中心检测结果

二、咖啡的保健功能

咖啡豆中含有咖啡因、绿原酸、葫芦巴碱等保健功能成分。咖啡的功能成分因品种、产地不同而存在显著差异，一般咖啡因含量在0.6%～1.5%之间，绿原酸含量在3.17%～5.16%之间（详见表2）。饮用咖啡具有提神醒脑、解除疲劳、减肥解酒、利尿排毒、预防老年痴呆、延缓衰老、防止口臭、预防抑郁症、提高学习和工作效率等作用，因此对人类健康具有重要作用。

咖啡虽然具有很多保健功能，但孕妇、婴幼儿不宜饮用；高血压、心脏病患者不宜大量饮用，一般日饮2～3杯为宜。

表2 咖啡豆保健功能成分分析

样品	咖啡因（%）	绿原酸（%）	样品	咖啡因（%）	绿原酸（%）
朱苦拉1代	0.88	4.38	版纳卡蒂姆	0.67	3.23
朱苦拉2代	1.00	5.16	临沧卡蒂姆	0.88	4.31
朱苦拉3代	1.00	5.11	普洱卡蒂姆	1.00	4.04
宾川铁毕卡	1.17	4.84	怒江卡蒂姆	0.86	4.48
保山铁毕卡	1.24	4.88	保山卡蒂姆	0.84	4.11
宾川卡蒂姆	1.03	5.07	瑞丽卡蒂姆	0.84	3.17

资料来源：中国科学院昆明植物研究所邱明华研究员检测结果

三、咖啡产业的效益

（一）经济效益

咖啡从播种到投产一般需要3年时间，经济寿命长达20～30年，具有投资少、见效快、收益期长等优点，一般亩产咖啡豆150kg左右，亩农业产值达3000元以上，加上间套种植作物亩收入可达5000元以上，经过精深加工和销售，二产可升值6倍，三产可升值近百倍，具有良好的经济效益。

（二）社会效益

我国咖啡产区多分布在边疆少数民族地区，是边疆少数民族地区农民增收、企业增效和财政增税的一项朝阳产业，是新时代乡村振兴中产业兴旺的理想选择。

（三）生态效益

咖啡为多年生热带常绿灌木或小乔木作物，具有四季常绿的特点，是退耕还林、绿化美化荒山的理想选择。因此咖啡产业可实现经济效益、社会效益和生态效益的有机统一。

第二节 ☕ 咖啡的起源、传播和分布

一、咖啡的起源

小粒种咖啡原产非洲埃塞俄比亚，为热带雨林下层树种，具有耐荫蔽等特性。相传埃塞俄比亚一名叫柯迪（Kaldi）的牧羊人发现羊吃咖啡后变得活泼欢跳、精力充沛，从此发现了咖啡，大多数专家学者都同意咖啡诞生于埃塞俄比亚的迦发（Kaffa）地区。

二、咖啡的传播

（一）全球咖啡传播概况

公元6世纪阿拉伯人开始栽种食用咖啡，也有学者把咖啡栽培利用的年代和地点精确为公元575年在阿拉伯也门开始栽种。15世纪以后咖啡才有较大规模栽培利用，18世纪后咖啡已经广泛分布于亚、非、拉等热带和亚热带地区（图1：世界咖啡传播路线图），并成为世界三大饮料作物之一。

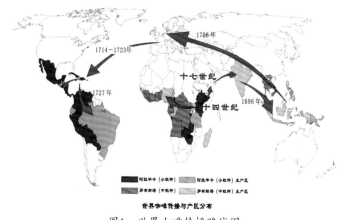

图1　世界咖啡传播路线图

（二）中国咖啡引种

1884年，英国商人从菲律宾将咖啡引入中国台湾；1893年滇缅边民从缅甸将咖啡引入云南德宏州瑞丽市户育乡弄贤寨；1892年，法国传教士将咖啡引入云南大理州宾川县平川镇朱苦拉村；1908年，华侨从马来西亚、印度尼西亚将咖啡引入海南省；此后，福建、广东、广西等地先后从东南亚引进咖啡种植，从此开创了我国咖啡早期引种栽培新纪元。

（三）云南咖啡引种

1952年春，云南省农业科学院热带亚热带经济作物研究所专家张意和马锡晋在德宏州潞西县遮放镇傣族边民庭院发现咖啡资源，同年冬天因研究所搬迁而将咖啡引进保山市潞江坝，从此开创了新中国咖啡科学研究与产业化发展新纪元（图2：云南咖啡古树）。

图2　云南咖啡古树

三、咖啡的分布

（一）全球咖啡分布

咖啡由原产地向世界热区扩散，到18世纪后咖啡已广泛分布于亚洲、非洲、拉丁美洲、大洋洲等热带和亚热带地区。目前，从世界咖啡产区来看，种植咖啡的国家和地区有78个，主要分布在南、北回归线之间（图3：世界咖啡产区分布图），少数可延伸到南北纬26°以上的热带亚热带地区。

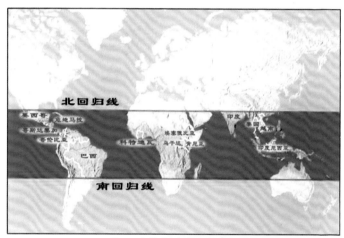

图3　世界咖啡产区分布图

（二）中国咖啡产区分布

为满足苏联及东欧国家的咖啡消费需求，中国自20世纪五六十年代即建成海南省中粒种咖啡生产出口基地，云南省小粒种咖啡生产出口基地。目前，咖啡主产区主要分布在云南、四川、海南三省，广东、广西、福建有少量分布；2016年西藏墨脱县开始试种，2017年贵州赤水市开始试种。

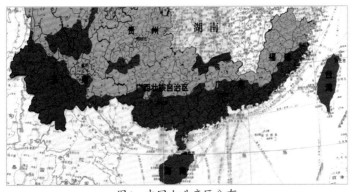

图4 中国咖啡产区分布

（三）云南咖啡产区分布

云南省咖啡产区主要分布在保山、普洱、德宏、临沧、西双版纳、红河、文山、大理、怒江等9个州（市）33个县（市、区），主要集中在与越南、老挝、缅甸接壤的边境地区，是边疆少数民族地区农民增收致富的重要产业。

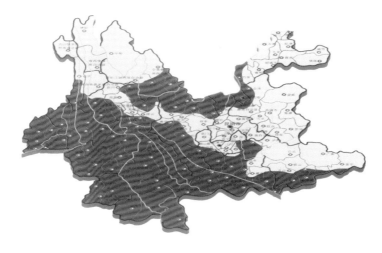

■ 热带、南亚热带区域

图5 云南省咖啡产区分布

第三节 🄯 国内外咖啡生产概况

一、世界咖啡生产概况

（一）面积情况

2001～2018年全球咖啡收获面积992.95万公顷～1095.17万公顷，年均增长率0.01%（详见图6）；2018年全球咖啡种植国78个，收获面积1053.58万公顷，较上年下降2.37%，其中面积超过10万公顷的有21个国家，分别是巴西（186.62万公顷）、印度尼西亚（124.15万公顷）、哥伦比亚（77.63万公顷）、埃塞俄比亚（68.61万公顷）、墨西哥（62.98万公顷）、越南（61.98万公顷）、科特迪瓦（59.77万公顷）、秘鲁（44.61万公顷）、印度（44.43万公顷）、洪都拉斯（43.25万公顷）、乌干达（39.45万公顷）、危地马拉（29.23万公顷）、坦桑尼亚（18.47万公顷）、委内瑞拉（14.11万公顷）、尼加拉瓜（13.30万公顷）、萨尔瓦多（13.06万公顷）、肯尼亚（11.56万公顷）、菲律宾（11.34万公顷）、喀麦隆（10.62万公顷）、马达加斯加（10.60万公顷）和几内亚（10.47万公顷），合计956.13万公顷，占全球收获面积的90.75%；中国收获面积7.78万公顷，居全球第25位。

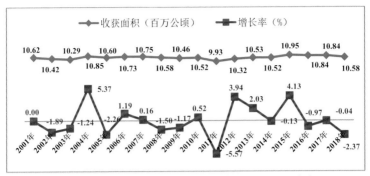

图6 全球咖啡收获面积及增长趋势（2001~2018年）

资源来源：FAO官方网站http://www.fao.org/home/en/

（二）产量情况

2001～2019年全球咖啡产量665.38万吨～1047.84万吨，年增长率2.42%，全球咖啡产量总体呈上升趋势，但存在明显有大小年现象（详见图7）。2019年全球咖啡豆产量为1001.62万吨，较上年下降4.41%；其中产量超过10万吨的国家有15个，分别是巴西（355.80万吨）、越南（187.80万吨）、哥伦比亚（82.80万吨）、印度尼西亚（64.20万吨）、埃塞俄比亚（44.70万吨）、洪都拉斯（33.60万吨）、印度（29.34万吨）、乌干达（25.50万吨）、秘鲁（27.30万吨）、墨西哥（22.20万吨）、危地马拉（21.99万吨）、中国（14.55万吨）、尼加拉瓜（14.28万吨）、马来西亚（11.40万吨）和科特迪瓦（10.80万吨），合计946.26万吨，占全球咖啡总产量的94.47%；中国咖啡产量14.55万吨，居全球第12位。

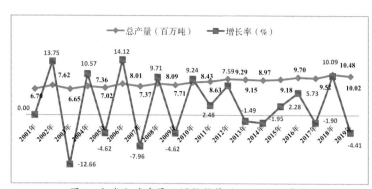

图7 全球咖啡产量及增长趋势（2001~2019年）

资料来源：USD官方网站https://www.usda.gov/

（三）价格情况

2001～2019年全球咖啡豆国际综合价格为45.59～210.39美分/磅，年均增长率6.45%，价格波动较大，其中2011年达到价格最高值（210.39美分/磅），此后国际咖啡豆价格持续下降。2019年咖啡豆价格为100.52美分/磅，较上年下降7.80%（详见图8）。

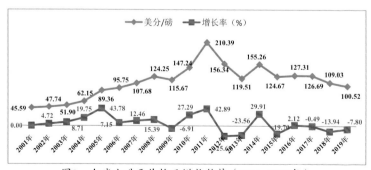

图8 全球咖啡豆价格及增长趋势（2001~2019年）

资料来源：ICO官方网站http://www.ico.org/

（四）产值情况

2001～2019年全球咖啡农业产值在67.64亿美元～400.61亿美元（详见图9），年均增长率9.07%。2019年农业总产值222.36亿美元，较上年下降11.58%，咖啡是热带国家重要支柱产业，在国民经济中具有重要地位。

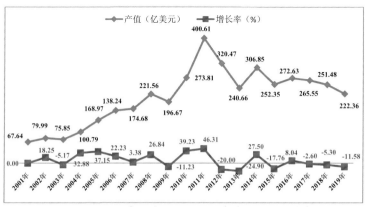

图9 全球咖啡农业产值及增长趋势（2001~2019年）

资料来源：根据ICO和USD数据测算

（五）出口情况

2001～2019年全球咖啡出口量在529.75万吨～845.56万吨（详见图10），年均增长率2.42%。2019年全球咖啡出口量为795.04万吨，较上年下降5.97%；其中出口量超过10万吨的国家有15个，分别是巴西（219.74万吨）、越南（160.80万吨）、哥伦比亚（77.52万吨）、印度尼西亚（42.97万吨）、洪都拉斯（33.00万吨）、印度（32.85万吨）、秘鲁（26.16万吨）、乌干达（24.00万吨）、埃塞俄比亚（23.40万吨）、危地马拉（20.55万吨）、马来西亚（18.00万吨）、墨西哥

（17.82万吨）、欧盟（14.70万吨）、尼加拉瓜（14.84万吨）和科特迪瓦（10.44万吨），合计735.73万吨，占全球咖啡豆出口量的92.54%。中国出口7.78万吨（不含港澳台地区），居全球第17位。

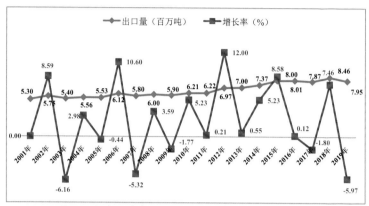

图10　全球咖啡出口量及增长趋势（2001~2019年）

资料来源：USD官方网站https://www.usda.gov/

（六）进口情况

2001～2019年全球咖啡进口量在533.70万吨～814.46万吨（详见图11），年均增长率2.15%。2019年全球咖啡进口量为771.76万吨，较上年下降5.24%；主要进口国有欧盟（285.00万吨）、美国（155.04万吨）、日本（46.20万吨）、菲律宾（33.30万吨）、俄罗斯（29.10万吨）、加拿大（28.98万吨）、韩国（17.10万吨）、瑞士（17.10万吨）、中国（16.74万吨）和阿尔及利亚（12.24万吨），合计640.80万吨，占全球咖啡进口量的83.03%；中国进口量10.33万吨，居全球进口量第9位。

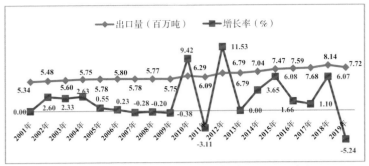

图11 全球咖啡进口量及增长趋势（2001~2019年）

资料来源：USD官方网站https://www.usda.gov/

（七）消费情况

2001～2019年全球咖咖啡消费量在590.05万吨～988.57万吨（详见图12），年均增长率3.01%。2019年全球咖啡消费量983.65万吨，较上年下降0.50%；其中咖啡消费量超过10万吨的国家有16个，分别是欧盟（275.10万吨）、美国（160.33万吨）、巴西（141.18万吨）、日本（47.80万吨）、菲律宾（36.00万吨）、印度尼西亚（29.40万吨）、俄罗斯（29.10万吨）、加拿大（28.98万吨）、中国（19.50万吨）、埃塞俄比亚（18.84万吨）、越南（18.60万吨）、韩国（17.10万吨）、墨西哥（15.60万吨）、阿尔及利亚（12.24万吨）、澳大利亚（11.67万吨）和哥伦比亚（10.20万吨），合计871.64万吨，占全球咖啡消费量的88.61.10%。中国消费量19.50万吨，居全球第9位。

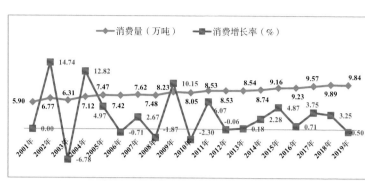

图12　全球咖啡豆消费量及增长趋势（2001~2019年）

资料来源：USD官方网站https://www.usda.gov/

二、我国咖啡生产概况

据统计分析，2019年我国咖啡收获面积居全球第25位（不含港澳台，下同），产量居全球第12位，出口量居全球第17位，进口量居全球第9位，消费量居全球第9位。我国已成为全球重要的咖啡生产大国、贸易大国和消费大国之一。

（一）生产情况

2019年全国咖啡种植面积140.30万亩，产量14.55万吨，其中云南14.50万吨、海南435吨、四川64.50吨，此外广东、广西、福建、贵州、西藏等地区有少量栽培，未纳入统计。云南省咖啡面积、产量和产值均占全国的98%以上，是我国最大的咖啡生产和出口基地（详见表3）。

表3　全国咖啡生产统计表（2019年）

省份	总面积（万亩）	新植面积（万亩）	收获面积（万亩）	亩产量（千克）	总产量（吨）	总产值（万元）
云南	138.80	0.80	108.90	133.10	145000.00	222839.00
海南	1.40	0.50	0.30	145.00	435.00	869.00
四川	0.10	0.00	0.10	64.50	64.50	25.80
合计	140.30	1.30	109.30	133.10	145499.50	223733.80

资料来源：农业部南亚办统计资料

（二）贸易情况

1. 出口情况

2019年我国咖啡及其制品出口7.78万吨，较上年10.69万吨减少了2.91万吨；出口金额2.13亿美元，较上年3.34亿美元减少了1.21亿美元；其中生豆出口量6.69万吨，较上年9.01万吨减少2.32万吨，占出口总量85.99%；生豆出口金额1.32亿美元，较上年1.92亿美元减少0.60亿美元，占出口总金额的61.97%。2019年我国咖啡出口省份有22个，其中云南省咖啡及制品出口量5.47万吨、出口金额1.32亿美元，居全国第1位；咖啡出口目的地有78个国家和地区，其中出口德国1.98万吨，出口金额4194.22万美元，居第1位。

2. 进口情况

2019年我国咖啡及其制品进口10.33万吨，较上年10.25万吨增加0.08万吨；进口金额4.50亿美元，较上年4.83亿美元减少0.33亿美元；其中进口生豆5.21万吨，较上年5.10万吨增加0.11万吨，占进口总量的50.41%；进口金额1.35亿美元，较上年1.36亿美元减少0.11亿美元，占进口总额的30.00%（详见表4）。2019年我国有咖啡进口省份28个，其中上海进口量4.15万吨、进口金额2.28亿美元，居全国第1位；咖啡进口来源地有84个国家和地区，其中从越南进口3.30万吨、进口金额8498.02万美元，居进口国第1位。

表4　全国咖啡进出口情况统计表（2019年）

产品类型	出口		进口	
	数量（吨）	金额（万美元）	数量（吨）	金额（万美元）
未焙炒未浸除咖啡碱的咖啡	66942.95	13167.58	52072.70	13576.00
未焙炒已浸除咖啡碱的咖啡	22.73	4.54	118.16	57.40
已焙炒未浸除咖啡碱的咖啡	1788.00	1960.29	11944.32	12201.42
已焙炒已浸除咖啡碱的咖啡	54.65	63.38	1019.64	1100.49
咖啡壳豆及咖啡干果	15.04	1.66	5.13	9.61
咖啡浓缩精汁	2445.75	1920.20	4374.38	4470.53
浓缩精汁或咖啡为成分制品	6531.56	4175.00	33748.89	13559.47
合计	77800.67	21292.65	103283.22	44974.92

资料来源：中国海关统计资料

2017～2019年我国咖啡进出口贸易连续3年呈逆差状态，其中2019年逆差2.37亿美元，随着我国咖啡消费量的快速增长，预计未来我国咖啡国际贸易将呈现逆差常态化，有鉴于此建议我国咖啡生产者由过去的出口导向型为主向国内国际市场并重转变，充分挖掘国内消费市场潜力，实现原料豆精品化和产品精深加工化，实现国际国内市场双循环双促进。

（三）消费情况

2007～2019年我国咖啡消费量在1.80万吨～19.50万吨（详见图13），年均增长率23.67%，为全球平均增长率的10多倍，消费增长势头十分强劲；2019年消费量19.50万吨，较上年增长1.56%，除2017年呈负增长外其余各年增呈快速正增长，咖啡产量与消费量之间缺口4.95万吨，因此发展咖啡生产潜力巨大。

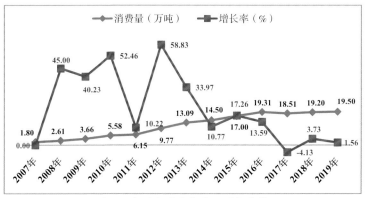

图13 中国咖啡消费量及增长趋势

资料来源：USD官方网站https://www.usda.gov/

目前，我国消费的咖啡以速溶咖啡为主，约占市场份额的84%，但市场份额有下降趋势；现磨咖啡约占市场份额的16%，处于弱势地位，但增长迅速。

三、云南咖啡生产概况

云南省于1892年和1893年分别从越南和缅甸引进咖啡种植，直到中华人民共和国成立前仅有少量零星栽培，没有规模化生产。1952年云南省农业科学院热带亚热带经济作物研究所将咖啡引入保山市潞江坝试种，从此开创了我国咖啡科学研究和产业化发展新纪元。为满足俄罗斯和东欧一些国家对咖啡的需求，促进了我国咖啡生产，20世纪五六十年代，云南省咖啡面积达5万多亩，但"文革"期间咖啡遭受毁灭性破坏，到1980年全省仅零星剩余1000多亩。1980年随着"中央四部一社"在保山召开"全国咖啡工作会"，咖啡产业得到新生。

（一）面积情况

2001～2019年云南省咖啡种植面积在27.15万亩～183.15万亩，年均增长率9.51%，其中2019年云南省咖啡种植面积138.79万亩，占全国总面积的98.92%，比上年149.44万元减少10.65万亩，增长率为-7.13%；2014年咖啡种植面积达到最高峰（183.15万亩），由于咖啡原料豆价格下滑和成本上升等原因，此后自2015年以来连续5年呈负增长态势，咖啡种植面积呈萎缩之势（详见图14），与我国消费快速增长形成巨大反差。

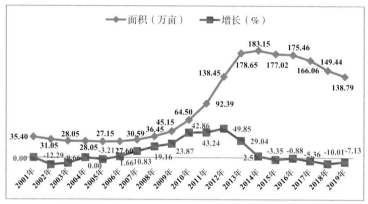

图14　云南省咖啡种植面积及增长趋势

资料来源：农业部和云南省统计局统计资料

（二）产量变化情况

1. 总产情况

2001～2019年云南省咖啡总产量在1.68万吨～15.84万吨，年均增长率13.44%，其中2019年云南省咖啡产量14.50万吨，占全国总产量的99.66%，比上年13.73万吨增加0.77万吨，较上年增长5.61%（详见图15）。

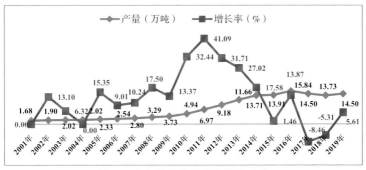

图15　云南省咖啡产量及增长趋势

资料来源：农业部和云南省统计局统计资料

2. 单产情况

2001～2019年云南省咖啡单产在82.95～162.74kg/亩之间，平均单产123.28kg/亩，为全球平均单产的3倍左右，是咖啡单产最高的国家之一；咖啡单产年增长率在−10.91%～22.60%之间，年均增长率2.99%；2019年全省咖啡单位面积产量133.10kg/亩，比上年129.43kg/亩增长3.67kg/亩，单产增长2.84%（详见图14）。自2012年单产达162.74kg/亩高峰，此后由于价格下滑、比较效益下降和农民减少投入等原因。单产呈持续下降趋势，其中2013～2017年云南省咖啡单产连续5年呈现负增长状态。

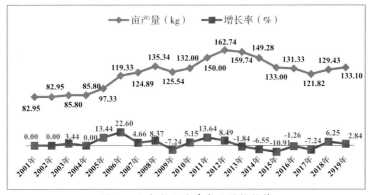

图16　云南省咖啡单产及增长趋势

资料来源：农业部和云南省统计局统计资料

3. 州市情况

2019年普洱市咖啡种植面积68.61万亩，产量7.57万吨；临沧市种植面积38.14万亩，产量1.78万吨；保山市种植面积13.19万亩，产量2.17万吨；德宏州种植面积8.77万亩，产量9723.40吨；西双版纳州种植面积7.45万亩，产量1.87万吨；文山州种植面积1.55万亩，产量383.10吨；怒江州种植面积6855.00亩，产量392.50吨；大理州种植面积3600.00亩，产量623.30吨；红河州种植面积480.00亩，产量68.00吨，云南省咖啡种植涉及9个州（市）33个县，是边疆热区重要支柱产业之一。

表5　云南省各州（市）咖啡生产情况

州（市）	面积（亩）	产量（吨）
普洱市	686130.00	75666.00
临沧市	381360.00	17777.80
保山市	131925.00	21716.50
德宏州	87645.00	9723.40
西双版纳州	74460.00	18649.60
文山州	15510.00	383.10
怒江州	6855.00	392.50
大理州	3600.00	623.30
红河州	480.00	68.00
合计	1387965.00	145000.20

资料来源：云南省统计局

（三）价格情况

2001～2020年云南省咖啡原料豆平均价格在8.32～25.29元/kg，年均增长率7.33%，其中2019年云南省咖啡平均价格

15.37元/kg，比上年14.78元/kg增加0.59元/kg，增长率3.99%（详见图17）；2020年1~5月云南省咖啡平均价格18.10元/kg，比上年15.37元/kg增加2.73元/kg，增长幅度达17.76%；自2011年价格达到最高峰（25.29元/kg）以来，咖啡价格总体呈下降趋势，目前普通咖啡豆生产成本约15元/kg左右，咖啡种植业处于微利或亏本状态。因此咖啡产业提质增效和节本增效势在必行。

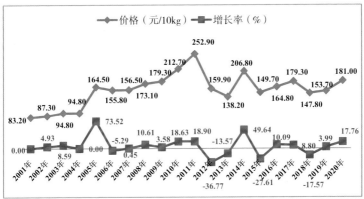

图17　云南省咖啡价格变化趋势

资料来源：根据农业部和云南省统计局统计资料测算

（四）产值情况

1. 总产值情况

2001~2019年云南省咖啡农业总产值在1.39亿元~28.35亿元，年均增长率20.88%，其中2019年云南省咖啡总产值22.28亿元，占全国总产值的99.59%，比上年20.29亿元增加1.99亿元，增长率9.82%（详见图18）；2014年总产值达到峰值（28.35亿元），此后由于价格和产量下降等原因，总产值总体呈下降趋势。

2. 亩产值情况

2001～2019年云南省咖啡亩产值690.14～3793.50元，2011年亩产值达3793.50元峰值，此后由于价格下降导致亩产值逐年下滑，2019年云南省咖啡平均亩产值2184.23元/亩，比上年亩产值1912.98元增加132.77元，增长率6.94%（详见图19）。

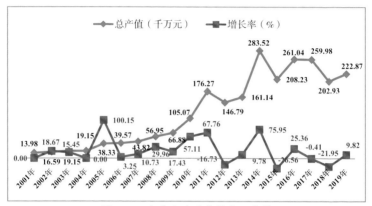

图18 云南省咖啡总产值变化趋势

资料来源：根据农业部和云南省统计局统计资料测算

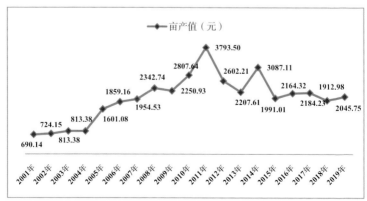

图19 云南省咖啡亩产值变化趋势（2001～2019年）

资料来源：根据农业部和云南省统计局统计资料测算

综上所述，咖啡业已成为云南省一枝独秀的朝阳产业，并在国际市场上深受欢迎。鉴于目前咖啡种植业（一产）比较效益下滑，建议以一产为依托，实行一二三产业融合发展，实现原料精品化和产品精深加工化，通过"互联网＋""旅游＋"等营销模式，形成线上与线下和国内与国外齐头并进销售格局，促进云南咖啡产业提质增效和持续健康发展，发展咖啡产业对加速云南省热区资源的开发利用，推进咖啡产业持续健康发展，促进热区农业农村经济发展、农民增收和建设热区社会主义新农村具有重要的作用。

云南咖啡产区多分布在东南部、南部和西南部，与越南、缅甸和老挝接壤，边境线长达4061千米，是我国重要的国防屏障；随着中国-东盟自由贸易区的实施，云南边境一线也将成为我国对外开放的前沿阵地，国防阵地已开始向"经济阵地""文化阵地"和"开放阵地"转变。边境地区经济社会发展水平的快慢，不仅影响国家的形象，在一定程度上已成为了国家实力的重要标识；云南边境一线与越南、老挝、缅甸山水相连，距东南亚"金三角"毒品产区较近，边境区已成为贩毒分子首选的贩毒通道，因此云南不仅成为毒品的重灾区，同时也成为艾滋病的重灾区，"禁毒防艾"工作任务十分艰巨。发展咖啡产业对繁荣边疆少数民族经济、稳定边疆社会秩序、巩固国防和发展境外毒品替代种植，减少毒品对我国的危害具有重要的战略意义。特别是在新时代，发展咖啡产业对实施振兴战略具有重大深远的战略和现实意义。

第二章 植物学特征

第一节 ● 植物学分类

  咖啡是茜草科（Rubiaceae）咖啡属（*Coffea* genus）植物。据基瓦利亚（Chevalier，1947）的研究指出，咖啡属分为四个组共66个种，其中真咖啡（Eucoffea）组有24个种，马斯加咖啡（Mascarocoffea）组18个种，帕拉咖啡（Paracoffea）组13个种，阿哥咖啡（Argocoffea）组11个种。咖啡属的染色体基数X=11，除阿拉伯种（*Coffea arabica* L.）为4n=44属于异源四倍体外，其余都是2n=22。目前，大面积栽培是真咖啡这一组的小粒种（即阿拉伯种）和中粒种（即甘佛拉种*C. canephora*也称罗巴斯塔Robusta），而大粒种（*C. liberica*）和迪瓦利种（*C. dewevrei*）仅有少数国家少量栽培。

第二节 ● 植物学形态特征

一、根

  咖啡属浅根系植物，为圆锥形根系，其形态、分布和深度因农业技术措施、土壤条件和品种的不同而异。中粒种咖啡3～4年生的结果树，主根一般深60cm左右，大部分吸收根分布在深30cm的土层内，少部分分布在30～60cm的土层内，少量吸收根分布在60～90cm的土层内。小粒咖啡根系有较明显的层状结构，一般每隔5cm左右为一层，在30cm以下，层次不明显，主根变细长呈吸收根形态向下伸展。咖啡根系的水平分布，一般超出树冠外沿15～20cm。咖啡根系的再生能力较强，在受害或被切割后恢复很快，7～10d即能长出愈伤组织，萌发许多新侧根，并长出根毛进行吸收作用（图20：咖啡树基本结构示意图）。

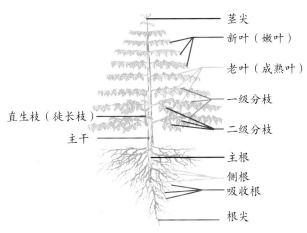

图20　咖啡树基本结构示意图

二、茎

　　咖啡的茎又称为主干，可由直生枝发育而成。茎直生，嫩茎略呈方形，绿色，木栓化后呈圆形，褐色。茎的节间长4～7cm，节间的长短受环境的影响很大，在过度荫蔽条件下，节间长达20多cm。分枝习性主要是对生，少数三枝轮生。枝条平生，从主干上生出的对生枝称为第一分枝，再从第一分枝长出的枝条称为第二分枝，小粒种咖啡第一分枝和第二分枝是主要结果枝，也是构成树形紧密的主要枝条，因此，对幼苗的培养和抚育十分重要。

三、叶

单叶对生，个别有3叶轮生的；成熟叶片的颜色主要有绿色、浓绿色和铜绿色等；成熟叶片革质有光泽，叶形有椭圆形、披针形、卵形和倒卵形；叶缘的形状有全缘、叶缘波纹少和叶缘波纹多等类型；一般是大粒种和中粒种的叶片大，小粒种的叶片小（图21：叶片形态）。

图21　咖啡叶片基本结构

四、花

咖啡的花腋生，聚伞形花序，雌雄同花，数朵至数十朵丛生于枝条叶腋间，1～5朵着生在一个花轴上，花梗短，花粉红色或白色。不同种质花瓣数不同，小粒种与中粒种咖啡的花瓣一般4～6片，多数为5片；大粒种花瓣6～8片，多数为7片。每个花序花朵数多为3～5朵，大粒种一般7～8朵。小粒种咖啡自花授粉，其他为异花传粉（图22：花朵形态）。

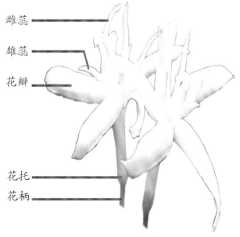

雌蕊

雄蕊

花瓣

花托
花柄

图22 小粒种咖啡花序基本结构

五、果 实

咖啡果为浆果，也称为核果。幼果一般为绿色，特殊种质为铜绿色；果实成熟呈橘红色、红色、橙红色、紫红色、黄色和紫黑色，少数品种呈黄色。单节果实数不一，有的较多，有的较少；大多数果实有2粒种子，少数1粒，偶见多粒。果实形状有圆形、倒卵形、椭圆形、长椭圆形和扁圆形（图23：咖啡果实和种子结构）。

咖啡果实可分为外果皮、中果皮（果肉）、内果皮（种壳）和种仁几个部分。种仁包括种皮（银皮）、胚乳、子叶、胚茎等部分，通常咖啡食（饮）用的就是胚的部分，即胚乳、子叶和胚茎等。

六、种 子

咖啡种子的种壳（即内果皮），又称为羊皮纸，是由石细胞组成的一层的角质薄壳；真正意义上的种皮又称为银皮，是种子外层的薄皮；大、中粒种种皮紧贴种仁，不易分离，小粒种种皮容易脱出。去除种壳和银皮后的种仁即为咖啡生豆，市场上称之为"商品咖啡豆或咖啡米"；种子形状有倒卵形、椭圆形、圆形等类型。种仁含有胚乳与胚两部分，胚是由厚壁的多角细胞形成，外层为硬质胚乳，当种子发芽时与子叶一起形成"种帽"突起于地面，其内层为软质胚乳（图23：咖啡果实和种子结构）。

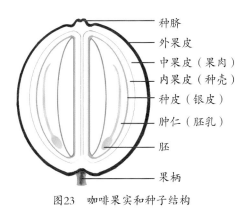

图23 咖啡果实和种子结构

第三节 ⬤ 主要栽培种类

一、大粒种咖啡（*C. liberica*）

（一）产地与分布

大粒种咖啡又称利比里亚种，原产于非洲利比里亚，分布于利比里亚、马来西亚、印度、印度尼西亚等国，适宜在低海拔、高温高湿、水分条件较好地区的种植，约占世界总产量的2%。

（二）植物学特征

为常绿乔木，植株高大，高达10m，主枝与主干成锐角斜向上方生长，枝条粗硬，枝干木栓化最快。叶片大，呈椭圆或长椭圆形，革质，厚硬而有光泽，叶缘波纹极小，叶脉稀。枝条结果少，一般3~6个，着生稀疏。果实大，长圆形，成熟时朱红色，果皮及果肉硬而厚，种子外壳厚而硬。主根深，较耐旱，抗风，耐光，成龄树不用荫蔽，抗寒力中等，最易感染叶锈病。产品味浓烈较苦，刺激性强，饮用质量差，但可与其他咖啡混合加工，提高饮用质量（图24：1. 大粒种咖啡）。

（三）遗传特性

大粒种的染色体基数X=11，染色体为二倍体，2n=22，异花授粉，实生后代遗传性状变异性大。

（四）主要栽培品种

该种因品质较差，故栽培品种也较少，主要品种有埃塞尔种（*C. excelsa*），1905年在非洲刚果的查理河被发现，故又有称为查理种，目前多作品种资源保存种植；种植面积不大，约占全球产量的2%。

二、中粒种咖啡（*C. robusta*）

（一）产地与分布

中粒种咖啡又称甘佛拉种（*C. canephora*）和罗巴斯塔种，原产于非洲刚果热带雨林区，栽培面积仅次于小粒种，分布于南北纬10°之间的低海拔（900m）地区。主要产区为东南亚各国，印度及非洲中部和东部，我国主要在海南省栽培，约占世界总产量的40%。

（二）植物学特征

此种为常绿小乔木，植株中等，株高5～8m，主干粗壮，枝干木栓化较迟，分枝细长而柔软，结实后下垂。叶片长而大，呈椭圆形，叶脉密。叶片有光泽，先端尖。枝条结果多，单节结果25～30个。果实形状因类型不同而异，成熟时紫红色、深红色。果皮、果肉及种皮均较薄，种皮与果皮不易分离。不耐强光，需要荫蔽，根浅不耐旱，需要较高的温度，抗寒力最弱，但抗锈病力最强和较少受天牛危害，产量较高。产品饮用味浓而香，刺激性强（图24：2. 中粒种咖啡）。

（三）遗传特性

中粒种咖啡染色体基数 $X=11$，染色体为二倍体，$2n=22$，异花授粉，实生后代遗传性状变异性大，故对优良品种一般采用无性繁殖，建立无性系。

（四）主要栽培品种

本种主要的栽培品种有（Quillon）、乌干达种（Uganda）以及近年来科特迪瓦选育出10个中粒种无性系107、126、182、197、461、477、503、505、149、400和中国热科院香饮所选育的热研1号和热研2号等品种，其中149和400较耐旱。越南等大面积种植，约占全球产量的40%。

三、小粒种咖啡（*C. arabica*）

（一）产地与分布

小粒种咖啡又称为阿拉伯种咖啡。原产于非洲埃塞俄比亚西南部和苏丹东南部的海拔1000～2000m之间，经人工引种栽培后，已遍布全世界热带地区，是世界主要栽培种，约占世界总产量的58%。分布于北纬28°至南纬38°之间的高海拔（1300～1900m）地区。主要产区是拉丁美洲，其中以巴西最多，其次是哥伦比亚，东、西非洲都有较大面积的栽培。我国云南、广西、福建、粤西、海南等省区都先后引种栽培成功。我国除海南以外栽培小粒种为主，云南栽培的咖啡亦为小粒种。

（二）植物学特征

小粒种咖啡为常绿灌木，植株较矮小，高4～5m，分枝细长（0.7～0.85m）；叶片小而尖，呈长椭圆形，较硬，叶面革质，叶缘波纹细而明显；顶芽嫩叶绿色或古铜色；单节结果数一般为12～20个，多者达25个以上；枝条结果节较多时，果实较小，果肉较甜，种皮较厚，易与种子分离。种子较轻，每千克干豆4000～5000粒，但不同种植区每千克干豆数不同。较耐寒，耐旱；一般品种易感叶锈病和受天牛危害。产品气味香醇，饮用质量佳（图24：3.小粒种咖啡）。

（三）遗传特性

小粒咖啡染色体基数$X=11$，染色体为异源四倍体，$4n=44$，自花授粉，实生后代遗传性状变异性小，但约有5%的自然变异率，有紫叶型、柳叶型、厚叶型、高秆型等多种类型。由于实生后代遗传性状较稳定，故一般采用种子繁殖。

（四）主要栽培品种

小粒种咖啡变异类型丰富，经人工选育后，从中选育出以下具有栽培价值的变种或品种：

（1）铁毕卡变种（*C. arabica* var. *typica* Cramer）：原产于埃塞俄比亚及苏丹的东南部，西半球栽培较广。该变种结果多，浆果大，成熟早，产量高，植株较健壮，成龄树形圆锥形，嫩叶或茎尖古铜色，叶片较狭窄，不耐强光照，易发生枯枝病。该品种咖啡品质较好，但易感咖啡叶锈病。

（2）波邦变种（*C. arabica* var. *bourbon* Choussy）：原产于布隆迪，是阿拉伯种咖啡中栽培较多的另一个变种。该变种分枝节间密，结果多，产量高，浆果小，成熟晚。嫩叶淡绿色，耐光，适于高海拔无荫蔽的环境。在巴西表现高产，故已逐渐取代了铁毕卡。该品种咖啡品质较好，但易感咖啡叶锈病。

（3）卡杜拉变种（*C. arabica* var. *caturra* KMG）：波邦变种的一个单基因突变种，起源于巴西。是一个高产的品种，植株树形较矮，无需荫蔽，但需要肥沃的土地和细致的修剪，抗病力差。

（4）蒙多诺沃栽培种（Mundo Novo cultivar）：起源于巴西，是由波邦与铁毕卡的高产品系天然杂交后代中选出的高产品种，产量比波邦与铁毕卡都高，但果实较小，且往往有不饱满或不稔实的现象。

（5）肯特种（Kent）：原产印度，是1911年由肯特（L. D. Kent）在自己的咖啡园中发现培育出来的高产品种，表现生势旺盛，对锈病和绿介壳虫有抗性，在印度广泛栽培。

（6）卡杜拉（Caturra）：巴西选育的波邦变种，不抗锈，矮生高产，产量比铁毕卡高。曾在巴西和哥伦比亚大面积种植，目前新种植较少。

（7）卡蒂姆（Catimor）系列品种：为葡萄牙咖啡锈病研究中心用Hibrido de timor与Caturra杂交，并经多次回交选育而成，有T系列、P系列等系列品种，目前以其优良世代（F5和F6）性状稳定，俗称Catimor7963，具有矮秆、高产、抗锈的特点，是目前广泛栽培的优良品种，已成为云南省主栽品种，也是农业部"十一五"主推品种。

1.　大粒种咖啡　　　2.　中粒种咖啡　　　3.　小粒种咖啡

图24　大、中、小粒种咖啡植株形态

第四节　● 优良品种简介

一、T8667

学名：*Coffea arabica* L. cv.Catimor T8667

品种来源：T8667是葡萄牙咖啡抗锈研究中心从CIFCHW26/5杂交种中选育而来。

特征特性：常绿灌木，成年植株株高1.8m左右，分枝细长（0.7～1.1m）；叶片长椭圆形，较硬，叶面革质，叶片较宽大肥厚，叶缘波纹大而明显，叶片深绿色，茎尖嫩叶呈暗红色；花丛生于当年生枝条节上叶腋间，花呈乳白色，筒状花冠，花萼5裂，花瓣一般为5片；果实为浆果，每个果实有种子2粒（少有1粒或3粒），外果皮在幼果时绿色，成熟后鲜红色；果实椭圆形或圆形，单果重约2g（图25-1：小粒种咖啡T8667）。

图25-1　小粒种咖啡T8667

生长习性：最适生长温度为22～25℃，幼龄树和成龄树都不耐低温，0℃以下极易出现寒害或冻害，在年降雨量为1000～1800mm、降雨分布均匀的热带和亚热带地区栽培最佳。根系发达粗壮，但在土层中分布浅，抗风能力弱。

二、T5175

学名：*Coffea arabica* L. cv.Catimor T5175

品种来源：葡萄牙。T5175是从杂交种CIFCHW26/13中选育而来。

特征特性：常绿灌木，成年植株株高2m左右，分枝细长

（0.7～1.1m）；叶片长椭圆形，较硬，叶面革质，叶片较宽大肥厚，叶缘波纹大而明显，叶片深绿色，茎尖嫩叶呈淡红色；花丛生于当年生枝条节上叶腋间，花呈乳白色，筒状花冠，花萼5裂，花瓣一般为5片；果实为浆果，每个果实有种子2粒（少有1粒或3粒），外果皮在幼果时绿色，成熟后鲜红色；果实椭圆形或圆形，单果重约2g（图25-2：小粒种咖啡T5175）。

图25-2 小粒种咖啡T5175

生长习性：最适生长温度为22～25℃，幼龄树和成龄树都不耐低温，0℃以下极易出现寒害或冻害，在年降雨量为1000～1800mm、降雨分布均匀的热带和亚热带地区栽培最佳。根系发达粗壮，但在土层中分布浅，抗风能力弱。

三、波邦

学名：*Coffea arabica* L. cv.Bourbon

别名：绿顶咖啡

品种来源：波邦咖啡品种源于布隆迪。

特征特性：常绿灌木，成年植株株高2~3m左右，分枝细长（1.0~1.5m）；叶片长椭圆形，叶面革质，叶缘波纹少，叶片淡绿色，茎尖嫩叶呈淡绿色；花丛生于当年生枝条节上叶腋间，花呈乳白色，筒状花冠，花萼5裂，花瓣一般为5片；果实为浆果，每个果实有种子2粒，外果皮在幼果时绿色，成熟后鲜红色；果实长椭圆形，单果重约2.0g（图25-3：小粒种咖啡波邦）。

图25-3 小粒种咖啡波邦树形和茎尖颜色

生长习性：最适生长温度为22～25℃，0℃以下极易出现寒害或冻害，在年降雨量为1000～1800mm、降雨分布均匀的热带和亚热带地区栽培较佳，但在降雨较多且空气湿度大的区域种植极易感染锈病。根系分布浅，抗风能力弱。

四、铁毕卡

学名：*Coffea arabica* L. cv. Typical

别名：红顶咖啡

品种来源：铁毕卡咖啡品种原产于埃塞俄比亚及苏丹的东南部。

图25-4　小粒种咖啡铁毕卡树形和茎尖颜色

特征特性：常绿灌木，成年植株株高2~3m左右，分枝细长（1.0~1.5m）；叶片长椭圆形，叶面革质，叶缘波纹细而明显，叶片淡绿色，茎尖嫩叶呈铜红色；花丛生于当年生枝条节上叶腋间，花呈乳白色，筒状花冠，花萼5裂，花瓣一般为5片；果实为浆果，每个果实有种子2粒，外果皮在幼果时绿色，成熟后鲜红色；果实长椭圆形，单果重约2.0g（图25-4：小粒种咖啡铁毕卡）。

生长习性：最适生长温度为22~25℃，0℃以下极易出现寒害或冻害，在年降雨量为1000~1800mm、降雨分布均匀的热带和亚热带地区栽培较佳，但在降雨较多且空气湿度大的区域种极易感染锈病。土壤深厚肥沃疏松、排水良好、pH4.5~6.5、海拔在500~1400m区域种植较为合适。根系分布浅，抗风能力弱。

五、卡杜拉

学名：*Coffea arabica* L. cv. Caturra

品种来源：1937年在巴西发现，为波邦（Bourbon）咖啡品种的一个变种。

特征特性：常绿灌木，成年植株株高2m左右，分枝细长（0.7~1.1m）；叶片长椭圆形，叶面革质，叶缘波纹大而明显，叶片淡绿至深绿色；花丛生于当年生枝条节上叶腋间，花呈乳白色，筒状花冠，花萼五裂，花瓣一般为5片；果实为浆果，每个果实有种2粒，外果皮在幼果时绿色，成熟后鲜红色；果实椭圆形，单果重约1.8g（图25-5：小粒种咖啡卡杜拉）。

图25-5　小粒种咖啡卡杜拉

生长习性：最适生长温度为22～25℃，幼龄树和成龄树都不耐低温，0℃以下极易出现寒害或冻害，在年降雨量为1000～1800mm、降雨分布均匀的热带和亚热带地区栽培最佳。土壤深厚肥沃疏松、排水良好、pH为4.5～6.5、海拔在500~1200m区域种植较为合适。根系发达，但在土层中分布浅，抗风能力弱。

六、卡杜艾44

学名：*Coffea arabica* L.cv. Catuai44#

品种来源：卡杜艾咖啡（Catuai）是卡杜拉（caturra）和蒙多诺沃（Mondu Novo）人工杂交选育的咖啡优良品种。

特征特性：常绿灌木，成年植株株高2m左右，分枝细长（0.7～1.1m）；叶片长椭圆形，较硬，叶面革质，叶缘波纹细而明显，叶片深绿色；花丛生于当年生枝条节上叶腋间，花呈乳白色，筒状花冠，花萼5裂，花瓣一般为5片；果实为浆果，每个果实有种子2粒（少有1粒或3粒），外果皮在幼果时绿色，成熟后紫红色；果实椭圆形，单果重约1.8g（图25-6：小粒种咖啡卡杜艾）。

图25-6　小粒种咖啡卡杜艾

生长习性：最适生长温度为22～25℃，幼龄树和成龄树都不耐低温，0℃以下低温极易出现寒害或冻害，在年降雨量为1000～1800mm、降雨分布均匀的热带和亚热带地区栽培最佳。土壤深厚肥沃疏松、排水良好、pH为4.5～6.5、海拔在500～1200m区域种植较为合适。根系发达，但土层中分布浅，抗风能力弱，有良好的耐旱性。

七、维拉萨奇

学名：*Coffea arabica* L.cv. Villa Sarchi

品种来源：为波邦（Bourbon）咖啡品种的一个变种，来源于哥斯达黎加的La Luisa Estate。

特征特性：常绿灌木，成龄植株株高达2m左右，分枝细长（0.7~1.3m）；叶片长椭圆形，叶面革质，叶缘波纹大而明显，叶片淡绿至深绿色；花丛生于当年生枝条节上叶腋间，花呈乳白色，筒状花冠，花萼五裂，花瓣一般为5片；果实为浆果，每个果实有种子2粒，外果皮在幼果时绿色，成熟后鲜红色；果实椭圆形，单果重约1.8g（图25-7：小粒种咖啡维拉萨奇）。

图25-7　小粒种咖啡维拉萨奇

生长习性：最适生长温度为22~25℃，幼龄树和成龄树都不耐低温0℃以下极易出现寒害或冻害，在年降雨量为1000~1800mm，降雨分布均匀的热带和亚热带地区栽培最佳。土壤深厚肥沃疏松、排水良好、pH为4.5~6.5、海拔在500~1200m区域种植较为合适。根系发达，但在土层中分布浅，抗风能力弱。

八、艺妓/瑰夏（Geisha）

为铁毕卡家族的衍生品种，1931年在埃塞俄比亚南部Geisha山（Geisha与日文"艺妓"同音）发现，1960年引入巴拿马，到2005年才开始在杯测赛中频频胜出［图25-8：小粒种咖啡艺妓/瑰夏（Geisha）］。

瑰夏是如今最火爆的咖啡品种之一，是埃塞俄比亚咖啡的一个变种。人们首次在瑰夏（或阿比西尼亚）发现了咖啡品种，由于产量较低，咖啡豆极为珍贵。其中，巴拿马的 La Hacienda Esmeralda 种植园以出产世界上品质最好、价格最高的瑰夏咖啡著称，他们的瑰夏带有极为独特的佛手柑、茉莉花和桃子香味。瑰夏（Geisha）香气佳，余韵甜且干净，带有明亮的果实酸味，口感非常柔顺，特征可与衣索比亚水洗豆媲美。

图25-8　小粒种咖啡艺妓/瑰夏（Geisha）

九、黄色波邦（Bourbon Amarello，或Yellow Bourbon）

巴西圣保罗州特有的波邦变种，成熟后咖啡果子呈橙黄色。

波邦源于铁皮卡的自然变异，是除了铁皮卡之外的另一个古老品种。它高品质、中等产量，与父本铁皮卡类似，波邦抵抗叶锈病能力弱，由于甜度高，也是咖啡蛀食性害虫喜爱的食物。它在巴西种植率最高，在布隆迪和卢旺达也有分布。波邦果实短小、圆润、果肉和种子密度高，品尝起来通常甜度高、酸度明亮。波邦分为黄波邦和红波邦品种，近年还可以在市面上买到粉红波邦品种的生豆（图25-9：小粒种咖啡黄色波邦）。

图25-9　小粒种咖啡黄色波邦

第三章 生物学特性

第一节 ● 生长发育习性

一、咖啡种子萌发与幼苗生长

咖啡种子没有休眠期，咖啡种子随着贮藏时间的延长，发芽率呈下降趋势，一般贮藏期不宜超过6个月。一般在5月份之前播种，咖啡播种后约15d，开始发芽露出根点；约45d开始出土，约60d子叶开始展开，约70d后真叶开始长出，当真叶长至6~9对时，开始抽生第一对分枝（图26：咖啡种子萌发生长过程）。

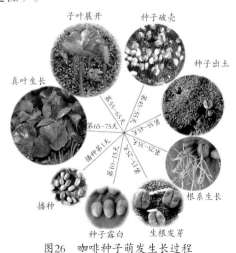

图26 咖啡种子萌发生长过程

二、咖啡主干生长及树冠发育

咖啡主干的生长有较明显的顶端优势现象，主干叶腋有上下两种芽，上芽发育成水平横向的分枝，称为一分枝，一分枝上抽生的枝条叫作二分枝，二分枝上抽生的枝条叫三分枝，从一、二分枝上不规则抽生的枝条叫次生枝（图27：咖啡树分枝和树冠示意图）。

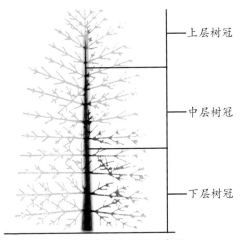

上层树冠

中层树冠

下层树冠

图27　咖啡树分枝和树冠示意图

主干生长量大小，因品种、树龄、气候、土壤和管理水平等而有差异；咖啡主干的生长具有明显的顶端优势，但这种优势会随着树龄增长而减弱，第1～3年主干生长速度较快，主干节间较长，第4年主干的生长减缓，节间变短；当主干树龄衰老、顶端遭受破坏或顶端优势下降时，会从主干叶腋下芽或不定芽分化出数条直生枝，直生枝继续生长即形成新的主干，因此形成灌木状的多干现象。在自然生长状态下，株高可达4～6m；人工栽培条件下，一般控制株高不超过2m，以便采收和管理。主干生长具有明显的季节性变化，春季生长加速，夏季生长最快，秋季生长减缓，冬季生长最慢或停滞，因此低温干旱季节生长量较小，节间短，形成密节；高温多雨季节生长量大，节间较长。

三、枝条伸长及生长习性

（一）咖啡枝条的分类

咖啡枝条是咖啡树冠的重要构成元素，也是咖啡开花结果的重要部位。根据咖啡枝条着生部位及生长方向，咖啡枝条可分为以下几类：

（1）一级分枝：咖啡主干的叶腋有上和下两种芽，与主干顶芽同时发育。由主干上芽（与主干顶芽同时发育）横向抽出对生的枝条，称为一级分枝；一级分枝在主干上呈交互对生，少数呈对称的三枝轮生；一级分枝是幼龄咖啡树的重要结果枝条，也是其他次级分枝的母枝，同时也是成年咖啡树的骨干枝，其分枝角度因品种不同而有差异。

（2）二级分枝：由一分枝叶腋呈45°~60°角抽生的枝条，称为二级分枝；二级分枝一般比一级分枝短，是重要的结果母枝，也是其他次级分枝的抽生母枝。

（3）三级分枝：由二级分枝叶腋有规则地抽生的枝条，称为三级分枝，其他各级分枝依此类推，云南栽培的咖啡分枝级数最多可达七级分枝。

（4）次生分枝：在一、二级分枝等各级分枝上，呈不规则地向内、向上、向下抽生的各类枝条，为确保咖啡树冠通风透光，在整形修剪时，次生分枝一般不予保留。

（5）直生枝：主干每节的下芽多处于潜伏状态，在主干顶芽受破坏、树龄衰老或主干顶端优势下降时，由主干下芽萌发抽生，并垂直向上长的枝条，称直生枝。在咖啡树生长状态较好，处于较佳的生产状态时，直生枝一般不予保留；但当主干遭受破坏或树势衰老，咖啡树产量较低时，可选择保留1~3条健壮、分布合理的直生枝培养为新的主干。

（二）咖啡枝条生长习性

咖啡枝条的生长发育，因品种、气候、土壤及管理水平的不同而异。云南咖啡产区为高海拔高纬度地区，由于气候冷凉，云量大，光照短，咖啡营养生长速度相对缓慢，但枝干发育粗壮，一级分枝结果后发育成健壮的骨干枝，二、三分枝抽生能力强，生长旺盛，结果密集，为主要的结果枝。二、三分枝结果2~3年后便枯死，以后又从骨干枝上萌生二、三级分枝结果（图28：小粒种咖啡一级分枝三种抽生类型生长示意图）。

咖啡主干一级分枝约一个月抽生一对，可连续延伸生长结果2~3年，以后顶端枯死，中下部发育为骨干枝。一、二级分枝生长结果习性因种类及抽生的时期不同而异，一般分为以下三种抽生类型：

（1）第一种抽生类型：每年2~5月份抽生的一级分枝，以营养生长为主，当年生长量最大，多数在次年春抽生二分枝，但健壮的一级分枝可在当年7~9月抽生二级分枝，一级分枝次年大量结果，个别二级分枝条可在次年可开花结果。

（2）第二种抽生类型：每年6~9月抽生的一级分枝，抽生后次年生殖生长和营养生长同步进行，因次年每个枝节都能开花结果，很少抽生二分枝。结果的一级分枝延续生长的部分，则下一年开花结果，为第三年的主要结果枝。

（3）第三种抽生类型：为9月份以后抽出不久，就进入低温干旱期，生长缓慢，当年生长量较小，仅1~6节，次年即开花结果；次年的延续生长部分，可抽生二分枝。咖啡

二、三级分枝生长习性与一分级枝不同，在气候适宜、管理正常情况下，每年可抽生2～3次，分别于2～3月、5～6月、8～9月各抽生一次。春夏季抽生的枝条生长量大，次年结果较多；秋季抽生的枝条，当年生长量小，次年结果较少，但次年延续生长量较大，第三年大量结果。

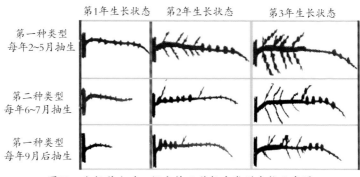

图28　小粒种咖啡一级分枝三种抽生类型生长示意图

四、咖啡开花结果习性

（一）咖啡的开花习性

咖啡花着生于叶腋间，分枝及主干的叶腋均能形成花芽，但主要是在分枝上。咖啡花芽的形成与枝条内部养分及环境有密切关系，中粒种花芽在7月下旬开始发育，小粒种的花芽在10～11月开始发育，当年生枝条上也可以形成花芽（图29：咖啡初花至盛花形态）。

咖啡的花期因品种、气候及管理水平不同而异，在云南咖啡产区花期一般在2～6月，以2～4月较为集中。咖啡的开花受温度和水分的影响较大，在有灌溉条件的咖啡园，一般在2月即可开花，且花期较集中，从而果实采收期也相对较集中；而在无灌溉条件的咖啡园，花期要推迟到5～6月雨季才能开花，且花期较长，不集中，故果实成熟期也延迟，采收期也较长。咖啡花芽发育至最后阶段，需要一定的湿度和温度才能开放，如遇干旱或低温期，花芽就不能开放或开放星状花，其中介于正常花与星状花之间的花朵称为近正常花。星状花的花瓣小、尖、硬、无香味、黄色或浅红色，稔实率很低或不稔实。近正常花可以稔实，但稔实率比正常花要低。

咖啡花朵寿命较短，只有2～3d的时间；花朵开放时间一般在清晨3～5点初开，5～7点盛开，9～10点花粉囊全裂，从而开始授粉；当气温低于10℃时花蕾才能开放，气温在13℃以上时花蕾不能正常开放。

花蕾期　　　　　　　　　初花期

盛花期　　　　　　　　　末花期

图29　咖啡初花至盛花形态

（二）咖啡果实的发育

咖啡果实的发育时间较长，从开花至成熟所需的时间，小粒种咖啡需8～10个月，在当年的9月份开始成熟，盛熟期在10～11月份，海拔较高的种植园成熟期会延长至翌年的2～3月份开始成熟，盛熟期4～5月份；中粒种咖啡需10～12个月，在当年11月至次年5月成熟，盛熟期在2～3月。气候条件直接影响果实的发育，花后一个月内，如遇干旱，则幼果常因缺水而发育不良，甚至干枯，以致成果率低，果实空瘪率高，因此咖啡采收初期和末期的果实大多发育不良，果小，空瘪率高，影响产量和质量（图30：咖啡一分枝和其他分枝结果形态）。

一分枝结果形态　　　　　　其他分枝结果形态

图30　咖啡一分枝和其他分枝结果形态

第二节 ● 气候环境条件

咖啡原产非洲中北部的埃塞俄比亚，北纬6°～9°，东经34°～40°，海拔1300～1900米m，雨量1600～2000mm，年均气温20℃的热带雨林，为雨林的下层树种。在长期的进化过程中，由于生物、气候的共同作用，咖啡对环境条件具有特定的要求，性喜静风、温凉、荫蔽或半荫蔽的环境。

一、温　度

温度是限制咖啡分布和生长的重要因素，但咖啡因种类不同而对温度要求具有一定的差异。小粒种咖啡较耐寒，喜温凉气候，以年平均温度18~21℃，并无低温寒害的环境最为适宜。气温≤5℃时有轻微寒害，≤0℃时有冻害；气温降至10℃以下嫩叶生长受抑制，枝干节间变短；温度10℃以上时，咖啡开始恢复生长；温度达15℃时，生长开始加速；气温20~25℃时，咖啡生长最快；25℃以上时，咖啡的净光合作用开始下降，植株生长缓慢，到35℃时几乎停止生长（详见表6和图31：温度对咖啡生长影响示意图）。

表6　温度对咖啡生长的反应

温度条件	小粒种	中粒种
适宜生长年平均温度（℃）	17.1~23.0	23.0~25.0
生长最快温度（℃）	20.0~25.0	23.0~25.0
生长缓慢温度（℃）	≤13.0和≥28.0	≤15.0
抑制嫩叶生长温度（℃）	≤8.0	≤10.0
嫩叶受害温度（℃）	≤5.0	≤2.0
不利于开花温度（℃）	≤10.0	≤10.0

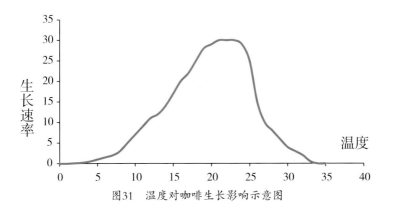

图31　温度对咖啡生长影响示意图

二、雨　量

咖啡产区为热带亚热带地区，四季不分明，但具有明显的旱季和雨季之分。咖啡产区的雨量差异很大，如肯尼亚部分咖啡产区年雨量只有800mm，而哥斯达黎加和印度部分咖啡产区雨量达2500mm，我国云南省保山市潞江坝年雨量也只有780mm，但世界咖啡产区年雨量多在1000~1800mm，以年雨量在1250mm以上，分布均匀，且花期及幼果期有一定雨量，最适宜咖啡生长发育。年降雨量低于1000mm的咖啡产区，要兴修水利，确保旱季灌溉补充土壤水分。

三、光　照

咖啡为热带雨林下层树种，不耐强光，适度的荫蔽条件对其生长发育较为有利。在全光照栽培条件下，光照过强，叶片产生避光反应，营养生长受抑制，枝干密节，植株矮化，生殖生长加强，结果早而多，产量高，果早熟、颗粒小，但易出现早衰现象，大小年结果现象明显。幼苗期需要70%~80%的荫蔽度，结果树约需30%~50%的荫蔽度，适当的荫蔽度，咖啡叶色浓绿，抵抗咖啡叶锈病、炭疽病、褐斑病等真菌性病害的能力较强，且咖啡天牛害虫相对较少，咖啡产量较稳产、果实饱满、颗粒大、质量好。荫蔽度过大，光照不足，易导致徒长，花、果稀少，产量降低。咖啡为短日照植物，光照超过13h不能开花结果；成龄树直射光照3~4h即可正常开花结果，可全光照或荫蔽栽培。咖啡对光的要求因品种、发育期、土壤肥力和水分状况的不同而有差别，大粒种最耐光，小粒种又比中粒种耐光。在土壤肥沃和有灌溉的条件下，荫蔽度可减小，或者不需荫蔽；相反，如在土壤贫瘠而高温干旱的地区栽种咖啡，就应适当增加荫蔽。一般适宜的荫蔽度大致是：苗期60%~70%，定植后至结果前约40%~50%，盛产期约20%~40%。

四、风　速

适当的空气流动对咖啡生长发育较为有利。咖啡为浅根系植物，不耐强风，咖啡需要静风的环境条件，台风及干热风对咖啡的生长均不利。当台风达10级以上时，叶片、果实就会大量吹脱，部分主干枝条会被吹断；台风过后咖啡根茎交界处的树皮被磨损，引起病菌侵入，造成风后大量死亡。干热风对咖啡开花稔实极为不利。

五、土　壤

咖啡根系发达，要求土壤疏松肥沃、土层深厚、排水良好的壤土；土层深度不少于60cm；以壤土、沙壤、轻黏土为宜，沙土、重黏土不宜选用；土壤酸度呈微酸性至中性反应，pH值为5.5~6.5最适宜根系发育及植株生长，pH值低于4.5和高于8.0，根系发育不良。

六、海　拔

世界咖啡产区多分布在热带高原或高海拔山区，赤道地区热量较高，可种植到海拔2000m左右，回归线两侧热量较低，大多数在1000m以下。云南热区主要分布在东南部、南部、西南部及北部金沙江流域河谷地区，以哀牢山为界，以东地区主要种植在海拔900m以下，以西地区主要种植在海拔1500m以下，有少数地区可以种植到海拔1800m；北部金沙江流域热区可以种植到1400~1500m。海拔对咖啡产量和质量无直接影响，但可通过对气象要素的再分配，从而对咖啡生长发育和质量产生影响。实践表明，海拔高度对杯品质量的影响甚至超过基因型对杯品质量的影响。据测定，海拔越高杯品质量越好，花香味和果香味等特殊风味越多越明显；反之，则杯品质量较低，风味较少。由于云南热区地形地貌复杂，区内山高谷深，立体气候明显，因此种植海拔高度，要根据实际地块具体确定，冬季无霜为宜（图32：海拔对咖啡杯品质量影响示意图）。

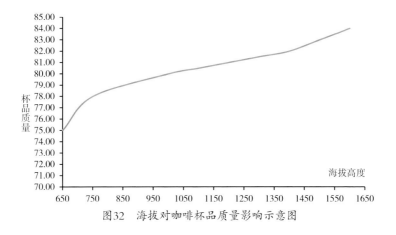

图32　海拔对咖啡杯品质量影响示意图

七、坡　向

坡向对咖啡生长发育和质量无直接影响，但可通过对气象要素的再分配，从而对咖啡生长发育和品种产生影响。一般在同纬度、同经度、同海拔地区，南坡光照、温度高于北坡，而湿度低于北坡，而北坡与南坡相反，东坡、西坡介于两者之间，因此在低纬度气温较高的地区，宜选择北坡（阴坡）种植咖啡，而在高纬度气温较高的地区，宜选择南坡（阳坡）种植咖啡，具体情况根据当地气候状况而定。

八、坡　度

坡度对咖啡生长发育和质量无直接影响，但可通过对气象要素的再分配，从而对咖啡生长发育和品种产生影响。一般在同纬度、同经度、同海拔地区，在南坡（阳坡），随着坡度增加，光照增强，温度增高，而北坡则反之，随着坡度增加，光照减弱，温度下降，而东坡、西坡则介于南坡与北坡之间；因此在低纬度气温较高的地区，宜选择北坡（阴坡）种植咖啡，而在高纬度气温较高的地区，宜选择南坡（阳坡）种植咖啡。一般咖啡种植坡度不宜超过25°，坡度大于5°时要开垦梯地种植。

九、地　形

地形对咖啡生长发育和质量无直接影响，但可通过对气象要素的再分配，从而对咖啡生长发育和品种产生影响。一般在同纬度、同经度、同海拔地区，在有台风或常年有大风的地区，宜选择背风地形种植咖啡；平流寒害地区，冬季寒流易袭击，宜选择背风向南开口，冷空气难进易出的地形种植咖啡；辐射寒害地区，宜选择地势开阔，冷空气不易沉积的地块种植咖啡。

第三节　生态适宜区划分

咖啡生态适宜区的划分，主要根据咖啡的生物学特性及拟种植区域的农业气象条件进行综合评价。重点考虑咖啡的生物学特性与生态环境的吻合程度，主要包含拟种植区域的热量和雨量条件，包括年均气温、最冷月平均气温、极端最低气温、年降雨量等农业气象指标，以咖啡正常生长发育，实现咖啡生产"高产、稳产、优质、高效、安全"为目标。

一、小粒咖啡生态适宜区划分指标

表7　咖啡生态适宜区划分指标

指标 区类	小粒种咖啡			中粒种咖啡		
	最低温 ≤-1℃ 出现率 （%）	年℃ 平均气温 （℃）	年降雨量 （mm）	最低温 ≤-1℃ 出现率 （%）	年℃ 平均气温 （℃）	年降雨量 （mm）
最适宜区	0.0～3.3	19.1～22.0	1200～1800	0.0～3.3	23.1～25.0	>800
适宜区	0.0～3.3	22.1～25.0	1200～1800	0.0～3.3	23.1～25.0	>800
次适宜区	3.4～6.6	17.1～19.0	800～1200	3.4～6.6	21.1～23.0	1300～1800
不适宜区	>6.6	<17.0	<800	>6.7	<21.0	<800

二、小粒咖啡生态适宜区划分

（一）最适宜区

最适宜区主要位于云南省西南部，包括隆阳、瑞丽、芒市、勐连、景谷、孟定、勐腊等县市区。在与本区相邻的县份内海拔较低的地方（800～1000m）也有适宜小粒种咖啡栽培种植的地方。本区年平均气温19.1～22.0℃，≤-1℃最低气温出现率0～3.3%，大部分地区年降雨量1200～1666.4mm（潞江坝仅750mm），土壤多为肥沃深厚的砖红壤或赤红壤。本区小粒咖啡生长良好，但由于地形复杂，大面积发展生产种植时，还要注意慎重选择宜林地，并抓好水利设施建设，确保旱季灌溉，同时冬季应注意防寒工作。

（二）适宜区

1. 桂南适宜区

位于广西南部，包括北流、灵山、合浦、陆川、玉林、博白、钦州、防城等县。此外位于右江流域的白色、田东、田阳等也属于小粒咖啡的适宜种植。本区年平均气温21.7～22.0℃，≤-1℃最低气温出现率0～3%，年降雨量1114～2884mm，土壤多为肥力较低的赤红壤。本区花期降雨少，并且有时会有较长的连续低温阴雨天气出现，影响咖啡开花授粉。

2. 粤东闽南适宜区

本区位于广东省东部，福建省南部。包括广东省汕头、普宁、揭阳、惠来、陆丰、饶平以及福建省诏安、云霄、东山等县市。本区年平均气温21.0～21.8℃，≤-1℃最低气温出现率<3.3%，年降雨量1065～2000mm，土壤为赤红壤。本区小粒咖啡生长良好，但要注意搞好灌溉、防寒和防风。

3. 海南省中部山地适宜区

本区位于海南省中部山地，包括白沙、琼中二县。本区年平均气温22.4～22.7℃，虽然略高于适宜区的标准，但在海拔350m以上的山地气温稍低，适宜种植小粒咖啡。本区最冷月均温16.4℃，极端最低温-1.4～0.1℃，雨量充足，1900～2500mm，适合小粒咖啡生长，但冬春降雨少，时有旱情，对小粒咖啡生长有一定影响，要注意抗旱和防寒。

（三）次适宜区

1. 海南省次适宜区

除中部山地白沙、琼中二县海拔较高地方为适宜区外，其余各县为次适宜区。本区年平均气温较高，为23.4～24.8℃，极端最高气温为38~40℃，加上光照强烈，旱季时间长，小粒咖啡高温季节生长不良，树易早衰，病虫害也相对较为严重。

2. 粤西次适宜区

本区位于广东省西南部，包括徐闻中北部、海康、湛江、遂溪、吴川、电白、廉江、化州、高州、阳江、信宜等县。本区年平均气温22.3~23.3℃，≤-1℃最低气温出现率0~3.3%，年降雨量1364~1759mm，北部为肥力较低的赤红壤，南部主要为砖红壤。

本区越冬条件对小粒咖啡生长无大碍。但月平均气温大于27℃的月份有3~4个月，极端最高气温37.2~38.9℃，在此高温季节内，气温高于30℃是经常出现的，且有插花性干旱和较低的空气湿度，对小粒咖啡生长不良。冬春季少雨，对咖啡开花不利，还有热带风暴和台风带来的危害，故本区种植小粒咖啡难获高产稳产，因此本区以种植中粒种咖啡为宜。

（四）不适宜区

指位于我国大陆小粒咖啡次适宜区以北或温度条件较低的地区，均为小粒咖啡的不适宜区。

三、中国的咖啡优势产区

优势区域：云南省西南部宁洱、普洱、澜沧、景谷、墨江、孟连、隆阳、龙陵、昌宁、芒市、瑞丽、勐腊、勐海、景洪、耿马、沧源、镇康、双江、临翔、云县、永德、盈江、陇川、镇沅、江城等县（市、区）；广东省雷州半岛的湛江市、吴川、廉江、雷州、遂溪、徐闻、茂名、高州、化州、电白等县（市、区）；海南省西北部的儋州市、海口、琼山、文昌、澄迈、临高、定安、屯昌、琼海、万宁、琼中、白沙等县（市、区）。

表8 中国咖啡优势产区

省份	优势产区（县）	备注
云南	宁洱、普洱、澜沧、景谷、墨江、孟连、隆阳、龙陵、昌宁、芒市、瑞丽、勐腊、勐海、景洪、耿马、沧源、镇康、双江、临翔、云县、永德、盈江、陇川、镇沅、江城	低海拔地区适宜种
广东	湛江市、吴川、廉江、雷州、遂溪、徐闻、茂名、高州、化州、电白	指中粒种，高海拔地区
海南	儋州市、海口、琼山、文昌、澄迈、临高、定安、屯昌、琼海、万宁、琼中、白沙	可适量科技小粒种

第四章 园地营建技术

第一节 ◗ 园地选择技术

一、小粒咖啡基地布局

（一）布局原则

以市场为导向，以销定种，效益优先，因地制宜，统筹规划；综合比较，突出重点，适度规模，多层次布局。

（二）选择条件

（1）土地要相对集中连片有一定规模，大于5°，小于25°的缓坡地；

（2）必须具备咖啡的最适宜和适宜生态环境条件；

（3）交通比较方便，以减少修建公路的投资；

（4）远离污染较大的化工工厂和矿区等地。

二、咖啡园地选择

（一）气候条件

（1）温度要求：年平均温18.5～21℃；极端最低温0℃

以上，全年无霜，无寒害和冻害；在持续较长的低温情况下，极容易引起咖啡植株的冻害或寒害（图33：咖啡低温冻害和图34：咖啡低温寒害）。

（2）光照要求：以漫射和散射光，苗期荫蔽度60%~70%，定植后至结果前40%~50%，盛产期约20%~40%。

（3）水湿条件：年平均降雨量1000mm以上，且降雨分布均匀，年平均相对湿度>70%。降雨量较少，分布不均，空气湿度偏低的种植区，容易引起咖啡大面积旱害。因此，冬春旱情突出，高温干旱少雨的种植区要着重考虑营造灌溉水利设施，确保旱季灌溉，保证咖啡生长（图35：咖啡高温少雨旱害）。

（二）地形条件

（1）纬度与海拔：北纬28°至南纬38°之间，海拔2200m以下。

（2）选择冬季无霜，静风，湿度较大的小气候环境。

（3）选择具有水源和能引水灌溉，以旱季能抽水，雨季能排水为原则，施工方便，投资少的地方建园。

（三）土壤条件

（1）土壤：微酸性pH在5.5~6.5，土壤松肥沃，排水良好。排水不良，pH小于4.5或大于7.8对咖啡生长都不利，尤其对根系的生长极为不利。

（2）土层厚度：土层厚度1m以上，地下水位1m以下。

（3）土壤肥力：富含有机质，通气良好的红壤土、沙壤土。

图33　咖啡低温冻害

图34　咖啡低温寒害

图35　咖啡高温少雨旱害

第二节 ❂ 园地开垦技术

一、用地指标规划设计

规模生产的咖啡种植园的用地指标，一般作物用地占地80%，防护林占10%，道路沟渠占5%，厂房等其他占5%即可。

二、道路系统规划设计

咖啡园的道路系统按主干道、机耕路、步行道三级设计，具体根据种植面积大小来确定。一般面积较小的咖啡园只设计与外界相连的步行道路即可；50亩以下的咖啡园要有与外界相连的拖拉机路，路宽≥3m，园内根据需要设计步行道路；100亩以上的咖啡园要有与外界相通的主干道，路宽≥6m，园内设计可覆盖园区的机耕路，路宽≥3m，片区内设置步行道，以确保物资运输和咖啡园的管理。

三、排灌系统规划设计

在咖啡园中地势低凹的地方开挖排水沟，要求排水沟深60cm，口宽50cm，底宽40cm。灌溉沟渠设计主要根据种植规模、经济条件、水源等确定，采用漫灌形式的沟渠按干渠、支渠和灌溉沟三级设计。干渠设在咖啡园的最高处，呈横向设计；支渠设在片区内，原则上每个片区至少有一条支渠，呈纵向设计；灌溉沟沿咖啡园台面设计，具体规格和数量根据种植的规模而定。

四、种植密度规划设计

单纯种植咖啡而不间作其他作物的咖啡园，缓坡地一般按株行距=1m×2m，密度为4995株/公顷；山地按株行距1m×2.5m，密度为3996株/公顷；行距1.5～3.0，平均2.5m进行设计，沿等高线开垦规划。

五、平地和坡地规划设计

平地或坡度≤5°的缓坡地，按"井"字形设计，咖啡行走向呈东西走向即可；坡度≥25°的坡地不宜种植和开垦利用，5°～25°的坡地沿等高线进行规划设计。为便于灌溉和管理，在等高环山测量规划时，以灌溉支渠为基线，按倾斜0.5°～1°进行规划测量，种植咖啡的台面反倾梯田设计，要求台面宽度不少于150cm（图36：咖啡园地等高环山开垦）。

六、定植槽规划设计与开垦

为了便于咖啡园日常管理与提高产量，一般采用开槽定植，定植槽的规划要求槽口宽×底宽×深度为60cm×50cm×50cm（图37：开垦种植规格示意图），在平地或缓坡地定植槽的走向为东西走向开槽，5°～25°的坡地沿等高线环山开槽。定植槽开挖完成后要晒土1～2个月再进行回槽，第一次回槽要求厚度达15～20cm即可，底部可放入10cm厚的杂草或稻草；第二次回槽前在定植槽中每米施入1kg的油枯或5kg的农家肥，将土回满并高出墒面10～12cm，墒面宽50～60cm。

图36　咖啡园地等高环山开垦

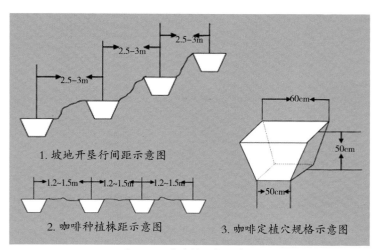

1. 坡地开垦行间距示意图

2. 咖啡种植株距示意图

3. 咖啡定植穴规格示意图

图37　开垦种植规格示意图

第五章　育苗定植技术

第一节　种子制备

一、选择良种

根据各地区气候情况、海拔高度、生态类型选择适宜的咖啡良种，种子必须在优良的母树上采种。优良母树的标准是：树龄在3年以上，高产稳产，株形好，无病虫害，抗性强的单株，采种时必须选择完全成熟，果形正常，充实饱满，大小基本一致，具有两粒种子的果实。

二、制种

采摘好做种子用的果实后进行及时脱皮，如果用量不多最好采用手工脱皮，因机器脱皮容易造成种子的机械损伤，影响种子的出苗率。脱皮后进行发酵，以脱去果胶，发酵时间一般为24～36h，以手搓捏种子感到粗糙不滑为宜，发酵完成后取出种子漂洗干净，同时拣去浮在水面的空瘪及损伤的咖啡豆，把洗净的种子放置在荫凉通风处摊开晾干（不宜直接晒干），然后用麻袋或透气性较好的包装材料盛装置于通风荫凉处储藏备用。咖啡种子储藏时间不宜过长，储藏4个月后种子的发芽率明显降低，因此种子制备好后就应及时进行播种（图38：咖啡种子制备过程）。

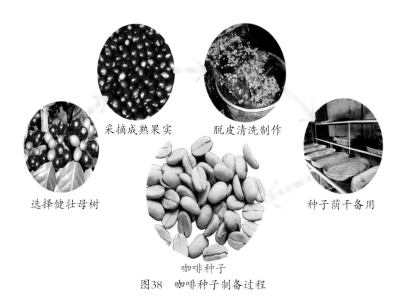

采摘成熟果实　　　脱皮清洗制作

选择健壮母树　　　　　　　　　　种子荫干备用

咖啡种子

图38　咖啡种子制备过程

第二节 ● 播种育苗

一、催芽床整理

选择靠近水源，地势平整的地块，将地块内的杂草、杂物、石块及树根等清理干净，用空心砖或红砖搭建墒宽1~1.2m，高15cm的催芽床，长度根据播种量和地块长宽灵活掌握。催芽床搭建好后在其内铺10~12cm厚的河沙，用木板将沙面轻轻压平（图39：咖啡催芽床规格示意图）。

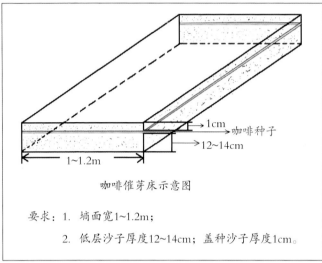

1cm　咖啡种子

12~14cm

1~1.2m

咖啡催芽床示意图

要求：1. 墙面宽1~1.2m；

　　　2. 低层沙子厚度12~14cm；盖种沙子厚度1cm。

图39　咖啡催芽床规格示意图

二、播　种

种子数量多时用干净水浸泡，种子数量少时可用40~45℃温水浸泡，浸种时间24h，然后取出用多菌灵等杀菌剂进行拌种，然后即可进行播种。播种时手工将种子均匀地撒在催芽床内的沙面上，以不堆积为宜，播种密度为0.5~1kg/m^2，种子播撒完成后再铺盖厚约1cm的河沙，然后用喷壶等工具浇足水分。

三、盖　膜

播种完成后在催芽床上用竹片搭建高30~40cm的小拱棚，再覆盖上白色薄膜以便增温保湿。

四、遮荫棚搭建

为防止咖啡种子在发芽与出土后高温灼伤，在种子播种盖膜完成后两周内搭建遮荫棚。遮荫网可选用宽为2m或4m、遮荫度为75%～85%黑色塑料遮荫网，遮荫网枝柱横向桩距为4m，纵向桩距为6m，栽种深度40cm，遮荫棚高度160～180cm为适。

五、苗床管理

播种后每周浇足一次水，每两周在浇足水后再浇喷一次800倍液的多菌灵或甲基托布津即可。一般情况下播种后45～60d咖啡苗即可出土，出土前为了防止幼苗被太阳灼伤，应在出土前在催芽上再搭建高约1.8m的遮荫棚。咖啡幼苗出土后根据天气情况3～5d浇足一次水，每两周喷雾一次1000倍液的多菌灵或甲基托布津等杀菌剂即可，当幼苗子叶完全展开，茎干直立，稳定后即可移植到营养袋中（图40：咖啡播种基本流程）。

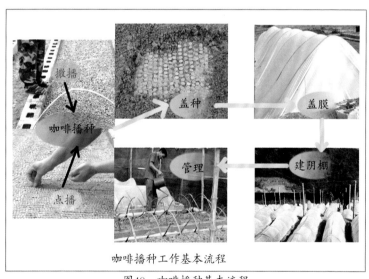

咖啡播种工作基本流程

图40　咖啡播种基本流程

第三节 🔘 苗圃管理

一、苗圃搭建

苗圃规模根据种苗量灵活计划，一般每亩地可摆放6万～7万株的咖啡苗。选择好苗圃地后按4～5m的距离栽种遮荫网支柱，要求柱高1.8～2m，栽种深度40cm，然后用竹棍或细木棍将支柱纵横交错的连接起来，用14#铁丝绑紧，即可铺上遮荫度为75%～85%黑色塑料遮荫网，再将遮荫网固定在支柱上的竹棍或细木棍上，四周也用遮荫网围起来，苗圃即建成。如苗圃需长期使用和条件较好的地方，苗圃支柱可采用钢架结构，苗圃内架设水管或喷灌系统（图41：苗圃搭建）。

图41　苗圃搭建

二、营养土准备

在播种的同时即可准备营养土和咖啡苗圃的搭建工作，选择交通方便、靠近水源、背风向阳、土壤肥沃、地势平整的地块作为苗圃地。选择好地块后将土地平整，先深翻20~30cm，翻晒1周后，将开挖的土块锄细并清除石块、树根等杂物，按地形规划成1.1~1.2m宽，长10m的墒面，墒与墒之间间隔40~50cm，把墒面的细土拢起加腐熟细碎的农家肥或生物有机肥，按土：肥=10：1比例进行混合拌匀以备装袋（图42：营养土准备）。

图42 营养土准备

三、装 袋

苗圃搭建好和营养土准备好之后即可进行装袋，营养袋的规格一般为长×宽=20cm×15cm即可，装袋前将营养袋底角剪出小孔以便排水，然后用竹筒或饮料瓶等工具，将营养土装入袋中，装好后以每排15袋整齐、竖直地摆放到苗圃的墙面中（图43：营养土装袋）。

图43　营养土装袋

四、幼苗移植

将咖啡幼苗从苗床上轻轻拔出，剪去较长的主根，保留5~7cm，然后用干净的容器装入10cm深，500~800倍液多菌灵等杀菌剂溶液，将咖啡幼苗根部放入杀菌剂溶液中浸根5~10min后即可移植到营养袋中，移植好后浇足定根水（图44：咖啡幼苗移植）。

图44　咖啡幼苗移植

五、苗圃管理

咖啡幼苗移植后要注意定期浇水，拔除杂草和病虫害防治。进入秋季后注意防治炭疽病和褐斑病，如有病害发生可用1000倍液的甲基托布津或甲基硫菌灵等杀菌剂每两周喷雾防治一次。幼苗移植后每月追施一次（N∶P∶K）15∶15∶15的复合肥，每次每株4～5g，如幼苗长势较弱在追施复合肥后再喷施叶面肥。当咖啡幼苗生长到15cm以上，真叶6～8对时即可出圃定植到大田中（图45：咖啡苗圃管理）。

定期浇水　　　　　　　　及时除草

图45　咖啡苗圃管理

第四节 ● 定植技术

一、定植时间

有灌溉条件的咖啡园可在2月中旬至3月份定植，无灌溉条件的咖啡园宜在6月份雨季来临前定植。

二、苗木选择

选择品种纯正，长势健壮，叶色浓绿，株高25cm，最矮不少于15cm，最高不超过30cm，真叶6~8对，无分枝的咖啡苗进行定植。

三、定植穴开挖

在回填好的定植槽墒面正中央开挖宽40cm、深30cm的定植穴，挖好后每穴施入0.8~1.5kg油枯或农家肥和0.1kg的钙镁磷肥，然后与土充分地混合拌匀。

四、定植苗木（图46：咖啡苗定植主要流程）

在拌匀的肥土上挖取一个与咖啡苗营养坨大小相一致的小坑，然后将苗木竖直放入定植穴中，将拌匀且细碎的肥土回填在咖啡苗营养坨周围，并用手或锄头轻轻压实。营养坨入土深度12~15cm，咖啡苗最下层叶片距土面2~3cm。苗木定植完成后及时浇足定根水，要求将水均匀浇在苗木根部四周，每株苗木不少于5L水，待水分吸干后将苗木营养坨周围的土轻轻压实，使土壤与咖啡苗营养坨紧密结合起来，压实后再盖一层细干土即可。

五、定植后的管理

定植1周后逐行检查，对枯死的苗木和缺塘及时补齐，并定期浇足水分；定植1个月后即可进行第一次追肥，以尿素等氮肥为主施肥，每株50～100g，同时进行中耕除草及病虫防治等管理工作。

图46　咖啡苗定植主要流程

六、小粒种咖啡间作

小粒种咖啡原产于非洲埃塞俄比亚的热带雨林地带，喜静风、荫蔽或半荫蔽湿润的环境，对强光敏感。因此，与其他作物间套种，对咖啡的光合作用及干物质累积更加有利。研究表明：咖啡与其他作物间套，一可以改善咖啡园小气候环境，为咖啡提供有利的生长环境；二可提高对光热等资源的利用率，增加田间收入多样性；三可减轻咖啡病虫危害。目前，生产上常见的栽培模式，除无荫蔽单纯种植咖啡外，与其他作物间套种模式常用有：咖啡+橡胶、咖啡+香蕉、咖啡+澳洲坚果、咖啡+杧果、咖啡+西南桦、咖啡+龙眼、咖啡+荔枝、咖啡+核桃等间套种模式〔图47：咖啡园常见间作模式（1~10）〕。

1. 埃塞俄比亚森林咖啡

2. 哥斯达黎加雨林咖啡

3. 巴西无荫蔽咖啡种植园

4. 云南保山无荫蔽咖啡种植园

5. 咖啡+橡胶

6. 咖啡+香蕉

7. 咖啡+澳洲坚果   8. 咖啡+杧果

9. 咖啡+西南桦

10. 咖啡+核桃

图47　咖啡园常见间作模式（1~10）

第六章 田间管理技术

第一节 🔘 中耕除草技术

为减少杂草对水肥竞争影响咖啡生长，保持咖啡园土壤疏松、通气良好，应适时进行中耕除草。除草可结合中耕同时进行，除草时间和次数根据天气、灌溉和杂草生长情况来定。

一、中 耕

在一般土壤条件下，进行咖啡田间的中耕，经中耕深翻改土后，咖啡侧根生长量比不深翻的多3~4倍，地上部分生长量也增加三分之一。深翻改土可以改善土壤理化性状，增加土壤养分和水分，提高保水能力和促进微生物活动，从而形成良好的土壤条件，促使根系向深处生长，根量明显增多，特别是深层更加明显。

由于中耕深翻改土，植株吸收营养面积增大，促进了咖啡生长和结果量。咖啡根系在土层50cm以下，除主根外，基本无侧根、须根，因此中耕深翻改土以30~40cm深即可。应注意在坡度较大的丘陵地，不宜过多地深翻土层，以免雨季造成滑坡，中耕深翻可结合压青施肥等同时进行。

二、除 草

咖啡幼龄期行间裸露可以适当间种矮秆的豆科作物，既增加收入同时还可以培肥土壤。咖啡幼龄期除草以人工除草为主，或使用微耕机等进行田间中耕除草（图48：微耕机和人工田间中耕除草），雨季期间适当使用化学药剂除草。在咖啡园田间还可进行地面覆盖（活覆盖和死覆盖），以抑制或控制田间杂草生长，同时也有利于改善土壤肥力。

（一）活覆盖

以豆科作物为主，有利于改善肥力和水土保持（图49：咖啡园田间绿肥活覆盖）。但由于咖啡树的根系分布较浅，活覆盖常常产生水肥竞争而影响咖啡生长和产量，因而要选择适宜对象。在肥料缺乏的地区，为提供绿肥改土，在咖啡幼龄期可种活覆盖。种植时在距咖啡树50cm以外行间种植为宜，并注意绿肥作物的管理。

（二）死覆盖

主要是盖草。死覆盖材料既不与咖啡发生水肥竞争，又可使土壤保持温度，还可减少土壤水分蒸发从而保持土壤湿润。死覆盖促进土壤微生物的活动；杂草腐烂后成为土壤有机质，又可改善土壤理化性状和提高土壤肥力，有利于咖啡根系生长发育和吸收养分，促进咖啡生长和增产。同时，采用死覆盖还可抑制杂草的生长。盖草时应距咖啡树基部5cm以上。

图48　微耕机和人工田间中耕除草

图49　咖啡园田间绿肥活覆盖

第二节 ● 修枝整形技术

一、咖啡整形修剪的作用

通过整形修剪技术，及时修除多余的2～3级分枝及徒长枝和病虫枯枝，有利于咖啡树冠通风透气，促进光合作用；有利于主干及骨干枝的生长发育，形成丰产树形；有利于减少病虫害；同时有利于咖啡树整株营养的合理分配，促进开花坐果及营养生长，因此整形修剪是咖啡树生长中不可少的措施之一。

二、整形修剪的方法

（一）单干树整形与修剪

单干整形，即只保留一条主干，在株高1.6～2.0m时采用一次去顶法，多余的直生枝条全部修除，只有在原有主干失去保留价值时，才在断干（或截干）处保留和培养一条直生枝为新的主干（图50：咖啡树单干整形修剪示意图和图51：咖啡树单干整形修剪前后对比）。

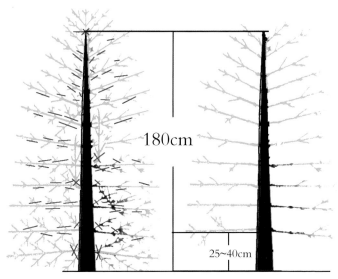

180cm

25~40cm

图50　咖啡树单干整形修剪示意图

修剪前　　　　　　　　修剪后

图51　咖啡树单干整形修剪前后对比

修剪时一级分枝不能修剪，二级分枝在离主干10~15cm处开始保留，根据二级分枝的萌发情况，交叉保留二分枝；每条一级分枝可保留2~3条二级分枝，每条二级分枝保留1~2条三级分枝。凡向上、向下、向内生长不规则的枝条不予保留，弱枝、病虫枝、干枯枝，修剪时一次剪除。定植4~5年后，下层一级分枝根据情况适当修除，使枝条以下部位高25~40cm，以方便田间管理。

（二）多干树整形与修剪

多干树整形的目的是培养多条直生枝形成多个主干，从而能生长出更多的一级分枝作为主要结果枝。多干树的培养一般采用弯干法、斜植法和截干法等，目前采用比较多的是截干法，即将咖啡树主干在离地面25~30cm处截去，待长出新的直生枝后留取2~3条作为新的主干（图52：咖啡树多干整形与修剪）。多干整形的修剪技术较简单，主要是定期换主干，剪去结果后的枯枝、弱枝、多余的徒长枝及病虫枝。多干树修剪主要是截干后长出的多余的直生枝，截干后，萌发出的直生枝，除要培养的新干外，多余的直生枝要及时除掉。另外，要剪除部分内侧枝、枯枝和病虫枝，适当控制主干高度，以保持树冠内通风透光，使新培养的主干生长健壮。

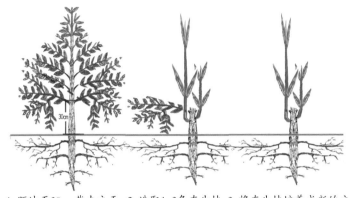

1. 距地面30cm截去主干 2. 选取1~3条直生枝 3. 将直生枝培养成新的主干
图52 咖啡树多干整形与修剪

三、咖啡枯梢树、低产树的改造

枯梢树往往发生在枝条大量结果后，植株消耗大量养分，若水肥不足，管理跟不上，就会使枝条生长量小，叶片褪绿，经冬季低温干旱期，引起落叶、枝枯，形成树冠中部空虚。枯梢严重的，结果多的枝条全部干枯，结果少的枝条受到影响；严重枯梢的，叶片全部落光，枝条大部分或全部干枯，个别主干也会干枯。

（一）枯梢树的改造

枯梢树结果主枝与分枝都比较少，产量下降严重，不经过更新改造是难以恢复产量，改造后也需1～2年后才能恢复到正常产量，改造时间宜早不宜晚。2月中、下旬气温回升时即可进行更新改造，早长枝条，加速当年生长量，使翌年多结果。改造时根据枯梢的情况进行。

上部枯梢：上部枝条结果多，枝条大多数枯死，不枯的枝条叶片大量脱落。从枯枝部位处截干，使其萌发直生枝，然后选留一条粗壮直生枝代替主干，长至离地面高160～180cm再进行去顶，控高以后，要及时除掉多余直生枝。

中上部枯梢：在枯梢部位最下一对枯枝的地方截干，选留新生的直生枝1～2条，培养成延续的主干。原主干下部正常的一级分枝可继续留用，以使来年有一定产量。

中下部枯梢和下部枯梢：一般采用截干法改造，即在树干离地面30cm左右截干，选留一至数条直生枝培养成新的主干。

（二）枯梢树的管理

灌水或喷水：截干后应进行灌水或喷水，保持土壤有一定水分，截干后1个月萌发新芽，早发芽，早生长，加大当年生长量，为下年打下基础。

深翻改土：截干后，土壤水分适当时进行深翻，深挖30～40cm，可切断部分老根，长出新根。

修剪：在改造枯梢树的咖啡园，对留下的植株进行修剪，将所有枯枝、病枝、无结果的老枝、弱枝、过密枝等剪去，当腋芽大量萌发时留够下年结果枝，其他腋芽全部抹去。截干后1个月左右大量萌发直生枝，留2条健壮芽培养成新主干，多余直生枝条应及时抹除。

其他管理：施肥、除草、松土、灌水、防治病虫害等措施和正常的咖啡园相同。

第三节 🫘 更新管理技术

咖啡结果后第3～5年是盛产期，第6年产量开始下降，生长势逐渐衰退，一般在结果后6～7年更新复壮，若管理好可延缓更新期，管理跟不上，大量结果之后，一级分枝干枯，严重地破坏了树形。一般管理是难以恢复原来的产量，可采取更新换干复壮来恢复原来的产量水平。

一、更新方法

（一）上部分枝条全枯的

在离地面25～30cm处切干，切口倾斜度为45°，切口向外，切口糊黄泥或油漆保持水分，30cm以下有枯枝的全部剪除，有正常枝的全部保留。30cm以上有正常枝条的，切口部位可提高到40～50cm处切干，在活枝条上端5cm处切干。活枝条可萌发出多条二分枝，可使下年有部分产量。

（二）成片一次更新

当年没什么产量或产量很低，树的长势不好，枝条全部枯死的可成片一次更新。

（三）轮换更新

密植咖啡，行距太窄，荫蔽度过大，或咖啡园有部分枝条干枯，但还有一定的产量的，可采用隔两行更新一行，每年更新三分之一留三分之二的方法进行更新。更新一行留二行，增加了光照和营养，从而提高了植株的生长和产量（图53：咖啡园轮换截干更新示意图）。

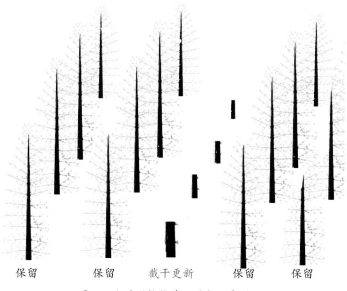

保留　　　　保留　　截干更新　　保留　　　保留

图53　咖啡园轮换截干更新示意图

二、更新时间

有条件灌溉或浇水的咖啡园，以早更新为好，2月中旬或3月上旬（平均温度15℃以上）切完干。无灌溉条件的地区可在雨季初进行，争取尽早切干，早萌发直生枝，为下年提高产量创造条件。

三、更新咖啡园的管理

（一）灌溉

截干后和新芽萌发前要求土壤水分充足，能灌溉的咖啡园应进行灌溉，以利于枝条的抽生。

（二）深翻改土

截干后土壤水分适宜时，深挖25~30cm，疏松土壤，同时切断部分老根，促进新根生长。

（三）抹芽

新芽萌发时，选留2~3条生长健壮的直生枝作为新的主干，其余应及时抹除。

（四）施肥

施肥可参照新定植的咖啡来进行。

（五）防虫

更新之后的咖啡树，基部主干暴露在外，易受害虫（尤其是天牛）的为害，当新芽抽出后，可用药剂或涂剂（硫黄1份，生石灰1份，水25~30份）来进行喷主干或涂主干（注意不要涂在新抽出的芽上）。

（六）中耕除草

更新之后，地表裸露，杂草生长较快，结合浅中耕，及时清除杂草，以保持土壤疏松、透气。

（七）摘顶控高

单干更新后，待植株生长至高160~180cm时摘顶控高。

第七章　施肥技术

第一节 ❶ 施肥的原则和目的

　　土壤不仅是咖啡植株生长的介质，也是咖啡植株所需的矿质养分的主要供给者。如果把土壤比作是一个水库，要继续滋养依靠它生活的植物，它只能提供所能容纳的营养成分和那些被消耗后需要马上补充的营养成分。通过施肥手段，提供和保持最佳数量和组合的土壤营养成分，咖啡植株生命活动所消耗的营养物质才不至于使土壤营养过度耗竭。

　　咖啡是多年生热带作物，植株全年生长发育，新梢生长量大，结果枝年年更新。果实生长发育时间较长，从开花到果实成熟需8～12个月，需要消耗大量养分，若养分供应不足，易导致咖啡果实饱满度差，植株枯梢和早衰，在土壤矿质营养严重缺乏的情况下，这种现象更为突出。因此，通过施肥调节咖啡园土壤肥力以满足咖啡植株的生长需求非常必要。

　　实践证明，咖啡产量水平受土壤肥力状况的影响很大，尤其是土壤中有效态养分的含量对咖啡产量的影响更为明显。咖啡施肥，一般应该考虑两个方面的问题：①对确实缺乏元素的补充；②补偿由于咖啡植株本身消耗或由于土壤淋溶所引起的消耗。补偿表层土壤中矿质营养的消耗和中和有毒元素是保证咖啡园生产力的先决条件；施肥也为不同种类的土壤微生物提供营养需要，这些土壤微生物对表层土壤质量有积极的作用；提高土壤有机质含量也能使养分含量有一定程度的提高和调节主要阳离子之间的平衡。

第二节 ❀ 矿质营养元素的生理功能

咖啡必需的营养元素有16种，它们是碳、氢、氧、氮、磷、钾、钙、镁、硫、铁、硼、锰、铜、锌、钼、氯（图54：植物必需元素需求量示意图）。其中碳和氧来自空气中的二氧化碳；氢和氧可来自水，而其他的必需营养元素几乎全部是来自土壤。由此可见，土壤不仅是咖啡植株生长的介质，而且也是咖啡植株所需的矿质养分的主要供给者。实践证明，咖啡产量水平常常受土壤肥力状况的影响，尤其是土壤中有效态养分的含量对咖啡产量的影响更为显著。

一、大量元素

（一）氮

氮素是构成生命物质的重要元素，也是影响咖啡植株代谢活动和生长结果十分重要的元素。它是氨基酸、蛋白质的主要成分，蛋白质构成了细胞质、细胞核和酶。氮素又是构成遗传物质的核酸和生物膜的磷脂的必要组分。进行光合作用的叶绿素和参与植株生长反应及调节生长发育的辅酶、植物激素、维生素等，亦都含有氮素。植株中的大量氮素以有机态存在，在根部有极少量的铵态氮和硝态氮。咖啡生长需要氮素较多，氮肥充足，咖啡植株生长健壮，枝叶茂盛，叶色浓绿；如缺氮，植株生长矮小纤弱，叶片失绿黄化。

（二）磷

磷亦是构成生命物质的关键元素之一，它是磷脂和核酸的必要成分，亦是许多辅酶的组分（如辅酶Ⅰ、辅酶Ⅱ、辅酶A等）；磷在光合作用和呼吸作用中起重要作用，在氮素代谢过程中亦不可缺少；同时，磷元素还是构成腺苷三磷酸（ATP）的重要成分，ATP是生命活动的直接能源。咖啡植株中磷的分布与氮相似，以分生组织最为丰富，咖啡的花、种子、新梢、新根生长点和细胞分裂活跃的部位，聚集较多量的磷。适量供磷可促进根系、新梢生长和花芽分化。磷还能增强咖啡植株的抗寒、抗旱能力。咖啡植株对磷的吸收量较少，但缺磷，咖啡叶片将出现斑痕和不规则的橙黄色斑点，落叶增多。咖啡叶片缺磷的临界含量大约是$1.0g \cdot kg^{-1}$，低于该值，就易出现缺乏症。磷和氮、镁养分之间存在正相关关系，磷元素的缺乏会影响植株对氮、镁养分元素的吸收，因此应注意养分的平衡供应。

（三）钾

咖啡对钾的需求量较大，钾虽不是植物体内有机体的组成物质，但却是其进行正常生理活动的必要条件。它参与物质运转、调节水分代谢，同时，钾元素还是多种酶的活化剂，对碳水化合物、蛋白质、核酸等的代谢过程起重要作用。在植株中，钾元素以离子状态存在，具有高度移动性，因此，咖啡植株缺钾首先表现在老叶上，缺钾的典型症状是老叶叶缘焦枯。咖啡叶片缺钾的临界含量为$10g \cdot kg^{-1}$，低于该值，就易出现缺乏症，产量即下降。

二、中量元素

（一）钙

钙能稳定生物膜结构，保持细胞的完整性。植物中绝大部分钙以构成细胞壁果胶质的结构成分存在于细胞壁中。钙能促进细胞伸长和根系生长。钙又是许多种酶和辅酶的活化剂；钙能促进光合产物运转，防止金属离子毒害，延缓植株衰老。此外，钙还能调节土壤酸度，改善土壤性状，有助于植株对其他养分的吸收。钙在植株体内是一个不易流动的元素，因此，老叶中的钙含量比幼叶多。咖啡植株对钙元素的需求量较大，但是生产上咖啡植株缺钙的现象不多。通常，在土壤酸度太高的情况下，才易导致缺钙。

（二）镁

镁的主要功能是作为叶绿素a和叶绿素b卟啉环的中心原子，在叶绿素合成和光合作用中起重要作用。镁作为核糖体亚单位联结的桥接元素，能保证核糖体稳定的结构，为蛋白质的合成提供场所。叶片细胞中有大约75%的镁是通过上述作用直接或间接参与蛋白质合成的。镁是羟化酶、磷酸化酶和辅酶的重要组成部分，植物体中一系列的酶促反应都需要镁或依赖于镁进行调节，镁对许多酶有启动作用。当植物缺镁时，其突出表现是叶绿素含量下降，并出现失绿症。由于镁在韧皮部的移动性较强，缺镁症状常常首先表现在老叶上，如果得不到补充，则逐渐发展到新叶。咖啡叶片中镁的含量低于$2g \cdot kg^{-1}$，表明镁供应不足。咖啡缺镁的典型症状是枝条中下部叶片叶脉间失绿黄化，严重时整株黄化。

（三）硫

硫是半胱氨酸和蛋氨酸的组分，因此，也是蛋白质的组分，它与氮、磷相似，亦是生命物质的必要组分。咖啡植株体内的呼吸作用，细胞内的氧化还原过程，均与硫有密切关系。如缺硫，咖啡植株生长受阻，矮化，叶片薄，叶色黄化。咖啡缺硫现象未见报道，可能与广泛施用含硫物质、灌溉水和空气中含硫等因素有关。

三、微量元素

（一）硼

硼不是植物体内的结构成分。在植物体内没有含硼的化合物，硼在土壤和植株体中都呈硼酸盐的形态（BO_3^{3-}）。硼能促进细胞伸长和细胞分裂，促进生殖器官的建成和发育，硼对由多酚氧化酶活化的氧化系统有一定的调节作用。咖啡植株缺硼的典型症状是新叶较小、较长，叶缘不对称，叶面粗糙；老叶叶片易变厚变脆、畸形，枝条节间短，出现木栓化现象。

（二）锌

锌是许多酶的组分。例如乙醇脱氢酶、铜锌超氧化物歧化酶、碳酸酐酶和RNA聚合酶都含有结合态锌。锌参与生长素的代谢和光合作用中CO_2的水合作用，能促进蛋白质代谢，促进生殖器官发育和提高抗逆性。缺锌时，植株体内吲哚乙酸（IAA）合成锐减，生长受抑制，尤其是节间生长严重受阻，叶片变小，节间缩短，通常称为"小叶病"或"簇叶病"。叶片表现脉间失绿或呈白化症状。

（三）铁

铁虽然不是叶绿素的组成成分，但叶绿素的合成需要铁的存在。电子显微镜技术的应用使人们发现，缺铁时叶绿体结构被破坏，从而导致叶绿素不能形成。严重缺铁时，叶绿体变小，甚至解体或液泡化。由于缺铁影响叶绿素的合成，而且铁在韧皮部的移动性很低，所以缺铁后老叶中的铁很难再转移到新生的幼叶中去，使新生的幼叶出现缺铁失绿症。这与氮、磷、钾等缺素症状完全不同。铁还参与植物细胞的呼吸作用，因为它是一些与呼吸作用有关的酶的成分。如细胞色素氧化酶、过氧化氢酶、过氧化物酶等都含有铁。咖啡缺铁的典型症状是在叶片的叶脉间和细胞网状组织中出现失绿现象，在叶片上明显可见叶脉深绿而脉间黄化，黄绿相间相当明显，严重缺铁时，叶片上出现坏死斑点，叶片逐渐枯死。

（四）锰

锰在植物代谢过程中的作用是多方面的，如直接参与光合作用，促进氮素代谢，调节植物体内氧化还原状况等，而这些作用往往是通过锰对酶活性的影响来实现的。锰能提高植物的呼吸强度，增加CO_2的同化量，也能促进碳水化合物的水解。缺锰和缺镁症状很类似，但部位不同。缺锰的症状首先出现在幼叶上，而缺镁的症状则首先表现在老叶上。锰过多，将妨碍植株对镁元素的吸收。

（五）铜

铜是植物体内许多氧化酶的成分，或是某些酶的活化剂。含铜的酶类主要有超氧化物歧化酶、细胞色素氧化酶、多酚氧化酶、抗坏血酸氧化酶、吲哚乙酸氧化酶等。各种含铜酶和含铜蛋白质有着多方面的功能。铜对叶绿素有稳定作用，促进蛋白质的形成，铜还能增强植株的抗寒、抗旱性。缺铜时，影响咖啡嫩枝的生长，而产生变形和坏死现象。

（六）钼

钼为植物体内氧化还原酶的构成元素，在根瘤菌的固氮作用和硝酸还原作用中起接触作用；并与维生素C的形成有关。

（七）氯

氯与光合作用有关。与体内淀粉、纤维素、木质素的构成成分的合成有密切关系；也有人认为，氯可能起渗透压调节作用和阳离子平衡作用。

上述13种营养元素，以及未列出的碳、氢、氧都是咖啡植株生长发育必需的营养元素，每一种营养元素对咖啡植株都很重要，不能互相代替。咖啡叶片营养诊断结果表明：咖啡植株对氮、磷、钾、钙、镁五种常量元素的需求量由高到低排列顺序是：氮＞钾＞钙＞镁＞磷，即咖啡植株对氮、钾养分的需求量较高，对磷素养分的需求量较低。若土壤含量不足或不能及时供应，可以通过施肥满足咖啡植株生长发育的需要。通常情况下，土壤的中微量元素基本能满足咖啡植株生长发育的需要，但随着咖啡种植年限增加，根际土壤中一些特定养分由于咖啡根系的选择吸收易导致这些营养元素含量逐渐减少，甚至枯竭，因此，应注意补充中微量元素肥料。据报道，施用硼、锌、镁、锰、石灰等化学肥料，有利于咖啡植株生长发育，增施硼肥可以明显提高咖啡鲜果产量，施用螯合物（如乙二胺四乙酸的铜盐、铁盐、锰盐和锌盐）也有一定的增产作用。

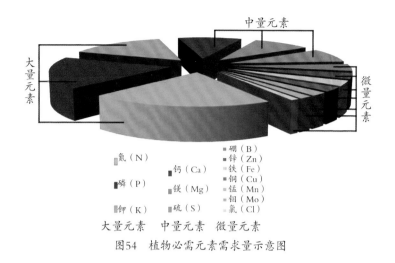

大量元素	中量元素	微量元素
氮（N）	钙（Ca）	硼（B）
磷（P）	镁（Mg）	锌（Zn）
钾（K）	硫（S）	铁（Fe）
		铜（Cu）
		锰（Mn）
		钼（Mo）
		氯（Cl）

图54　植物必需元素需求量示意图

第三节　❋ 咖啡的需肥特点

一、幼龄咖啡

定植后1～3年的咖啡植株称为幼龄咖啡。幼龄咖啡的生长发育以营养生长为主，主要为根系扩大生长，抽生新梢、新枝、新芽，形成树冠阶段。幼龄咖啡对氮、磷的需要量相对较多。

二、成龄咖啡

咖啡定植后第二年即有少量开花结果，第三年开始进入投产期。投产期的咖啡植株需要大量的氮、磷、钾和中微量营养元素，以满足咖啡植株营养生长和生殖生长的需求。咖啡叶片营养诊断结果表明：咖啡植株对氮、磷、钾、钙、镁五种常量元素的需求量由高到低排列顺序是：氮＞钾＞钙＞镁＞磷，即咖啡植株对氮、钾养分的需求量较高，对磷素养分的需求量较低。

三、不同生育阶段的需肥特点

通过对咖啡叶片养分分析结果表明：不同生育时期，咖啡叶片养分含量表现明显差异（详见表9）。

（一）初花期

咖啡果实采收结束，植株还处于恢复树势的阶段，但同时又进入花芽分化期，低海拔区域的咖啡植株第一批花开放，咖啡植株对营养元素的需求处于一个相对稳定的时期，氮元素营养对花芽分化有促进作用。此期，叶片氮含量处于较高的营养水平。

（二）幼果期

幼果期是咖啡植株养分需求的高峰期，此期末批花的幼果已开始形成，前几批花的幼果处于迅速生长阶段，植株大量抽生新梢，营养生长和生殖生长并进，果实发育和新梢生长均需要大量矿质养分的供应。与初花期相比，叶片氮、磷、钾、镁元素含量明显提高，处于全年的最高含量水平，而叶片钙含量处于全年的最低含量水平。结合生产实践分析，幼果期咖啡植株对营养元素的需要量和吸收量最大，其咖啡叶片的营养水平更能代表咖啡植株总体的需肥状况。此期，气候条件和土壤水分条件也最有利于植株对养分的吸收。

（三）第一批果实成熟期

9月下旬，低海拔咖啡园的咖啡果实已有少量成熟，大部分咖啡果已由快速生长转向有机物质积累阶段。与幼果期比较，叶片氮、磷、钾、镁养分含量分别下降了14.21%、7.58%、19.49%、37.21%，下降幅度最大的是镁，其次是钾、氮、磷，而叶片钙含量增加了33.11%，处于全年最高含量水平。分析认为，咖啡植株体内各种营养元素总体维持在一个相对高的含量水平，氮、钾、镁等移动性强的营养元素开始逐渐向生长活跃的器官即果实转移，参与植物细胞蛋白质、碳水化合物、脂类物质、生物碱等的合成和运转；镁是叶片叶绿素的构成元素，此期叶片镁的功能逐渐减弱，含量下降明显；钙与果胶的结合，与细胞膜的形成和强化有关，咖啡果肉含有大量果胶物质，需要钙素营养较多，因此，这一阶段咖啡植株钙含量处于全年的最高水平。

（四）果实采收末期

随着咖啡果实的成熟采收，大量营养物质被消耗或随果实被带走，咖啡叶片氮、磷、钾、钙含量将表现明显下降，处于全年最低或较低含量水平。与第一批果实成熟期（9月）比较，叶片镁含量差异不明显。

表9　不同生育时期咖啡叶片养分含量变化（干重g·kg⁻¹）

营养元素	（3月）初花期	（6月）幼果期	（9月）第一批果实成熟期	（12月）果实采收末期
氮	30.80	37.30	32.00	29.90
磷	1.75	2.77	2.56	1.57
钾	13.60	15.90	12.80	11.20
钙	14.75	13.86	18.45	13.98
镁	2.81	5.16	3.24	3.53

第四节 ☕ 施肥时期、施肥量和施肥方法

一、施肥时期

在咖啡苗期、定植期、幼龄生长期和成龄投产期等不同生育时期均需施肥。

（一）苗期

从咖啡幼苗离开苗床到被移植到大田的这段时间。这一时期持续6~12个月，当幼苗有2对或3对叶的时候，就可以施肥，2个月左右施一次。推荐施水溶性肥或叶面喷施。

（二）定植期

推荐在定植穴底部施腐熟的牲畜粪肥、堆肥、沤肥等农家肥或生物有机肥，并与磷肥拌匀。磷肥具有促发新根的作用，磷肥与农家肥作基肥一次施入更能发挥肥效。土壤对磷肥有固定作用，宜与农家肥混合均匀集中施用和深施，以减少磷的固定，使更多的磷肥保持在有效状态。

（三）幼龄生长期

一般定植后1个月，植株恢复生长时施第一次肥，在雨季期间施三次肥。幼龄咖啡施肥以氮、磷肥为主，适当补充钾肥。施肥宜少量多次，勤施、薄施。幼龄咖啡施肥以土壤分析为基础提出施肥配方。

（四）成龄投产期

成龄投产期咖啡施肥时间与快速生长时期的咖啡树一样，即在雨季期间可以施三次肥，但是肥料的配方和肥料用量要根据土壤分析结果和预期产量作适当调整。施肥以氮、钾肥为主，适当补充磷肥。成龄咖啡一般每年施肥3～4次，即每年的3～4月施一次催花肥（春肥），7～9月施1～2次养果肥，10月施一次壮果肥也称秋肥。旱地咖啡园通常早春干旱，需等雨水施肥，即第一场透雨后施第一次肥，有时雨水来得晚，施肥延迟到5～6月。成龄咖啡重点施好两次肥，即春肥和秋肥，春肥也称采后肥，及时施肥有利于咖啡植株恢复树势，减小大小年，促进花芽分化和开花。秋肥也称养果养树肥，施秋肥可提高咖啡果实饱满度，增加籽粒重，提高咖啡豆品质；施秋肥还能增强植株抗寒、抗旱能力，有利于安全越冬。

二、施肥量

（一）有机肥

有机肥的施用是为了保持和提高土壤有机质含量，土壤有机质含量是评价土壤肥力水平的一项重要指标。咖啡园的生产能力与土壤有机质含量水平有直接关系，最理想的土壤有机质含量水平在2%～5%。土壤有机质含量丰富，咖啡植株生长茂盛。土壤有机质是咖啡作物所需的氮、磷、硫等养分的一个重要库源，增施有机肥可以提高和保持土壤氮、磷、硫等养分的营养水平。土壤有机质影响土壤的物理、化学和生物学性质，也影响土壤透气，有利于水的渗透，减少淋溶和促进土壤有益微生物的活动。

幼龄咖啡每年每株施腐熟农家肥2kg或生物有机肥1kg；

成龄咖啡每年每株施腐熟农家肥5kg或生物有机肥2kg，有机肥一般在雨季来临前一次施入。

（二）化学肥料

国外的施肥试验表明，每年氮（N）的投入量在60～200kg/hm^{2}之间，而根据预期产量，氮（N）投入可能高到400kg/hm^2；磷（P$_2$O$_5$）施用量在50～60kg/hm^2、钾（K$_2$O）总量不超过150～200kg/hm^2。国外相关试验表明，钾（K$_2$O）施用量超过330kg/hm^2，反而产生相反效果。

据国内外研究测试结果表明，咖啡收获物从田间带走大量的矿质元素，即每生产1吨咖啡鲜果，果实带走的养分约为氮（N）7.22kg、磷（P$_2$O$_5$）1.15kg、钾（K$_2$O）7.96kg、钙（CaO）2.36kg、镁（MgO）0.25kg。咖啡植株需肥量约为果实带走养分的4倍左右，即每生产1000kg咖啡鲜果，需要施入的肥料约为氮（N）28.88kg、磷（P$_2$O$_5$）4.60kg、钾（K$_2$O）31.84kg、钙（CaO）9.44kg、镁（MgO）1.00kg。对于亩产200kg咖啡豆（带壳豆）的咖啡园，每年每亩咖啡园需要施尿素62.78kg，普通过磷酸钙（普钙肥）25.56kg，硫酸钾63.68kg，硫酸镁10.31kg。

由于施入土壤中的化学肥料并不能100%被咖啡根系吸收利用，如氮（N）、磷（P$_2$O$_5$）、钾（K$_2$O）的养分利用率分别只有50%、30%、40%，其余养分被土壤固定或挥发或随水流失，因此在确定施肥量时要充分考虑这些因素，并根据目标产量、土壤养分、咖啡需肥特点、树体生长、肥料有效性等方面确定合理的施肥量，实现咖啡优质、适产、高效、安全的生产目标。

三、施肥方法

（一）土壤施肥

根据咖啡根系的分布特点，将肥料施在根系密集区域，保证根系充分吸收养分，发挥肥料的最大效用。幼龄咖啡植株根系浅，分布范围不大，以浅施、勤施为主，随着咖啡树龄的增大，施肥的深度和范围也应逐年加深和扩大。沙质土、坡地、旱地及高温多雨地区，肥料要适当深施。

1. 定植塘或定植沟施肥

在定植咖啡苗时，把腐熟农家肥直接施入定植穴或定植沟底部，把农家肥与磷肥拌匀后再与土壤拌匀（图55：咖啡苗定植时沟施或塘施有机肥）。

图55　咖啡苗定植时沟施或塘施有机肥

2. 开挖施肥沟施肥

幼龄树一般在距主干20cm处开挖长20～30cm、宽15～20cm的浅沟进行施肥。成龄树一般在距主干30～40cm处开挖长30～40cm，宽、深各20cm左右的施肥沟。在高密度种植的咖啡园也可以沿种植带开挖施肥沟。施肥沟的位置逐次轮换。将预先按一定比例（幼龄树：25∶5∶15或结果树：15∶5∶25）混合均匀的氮、磷、钾混合肥撒施于沟内，肥料与沟土拌均匀后覆土。有灌溉条件的咖啡园，施肥后及时灌水，有利于降低氮素损失，提高肥料利用率和增产效果（图56：咖啡园开沟施肥方法）。

图56　咖啡园开沟施肥方法

（二）叶面施肥

叶面施肥是根外施肥的主要方式之一，是把肥料用水溶解稀释成一定浓度后直接喷施到叶背面，让叶片直接吸收利用。叶面施肥主要用于补充植株营养和纠正缺素症。事实上，叶面施肥主要好处在于化学成分的兼容，叶面施肥还可以和病虫害喷药防治结合起来，可以避免不同元素之间在土壤中产生的负面影响。

1. 喷施时期和时间

叶面施肥一般选在新叶、新梢、花期和幼果期叶片组织未老熟前进行，以新梢生长期、花期和幼果期施用效果最好，叶片老熟后喷施效果会降低。肥液在叶片上停留的时间愈长，效果愈好，如果喷施肥液后叶面能保持湿润30～60min，有利于叶片吸收养分。喷施最佳时间宜选在上午10点前和16点后进行。叶面施肥需根据树势酌情施用，每年10～11月，对长势正常的咖啡树喷施磷酸二氢钾、硼、钼等叶面肥，可促进花芽分化，促进次年开花结果，并增强咖啡树的抗寒和抗旱能力。

2. 喷施部位和喷施次数

叶面喷施以喷叶背面为好，叶片的背面气孔比正面多得多，海绵组织间隙大，茸毛也多，吸收肥液多且速度快。大中量元素（氮、磷、钾、钙、镁等）可根据需要多次喷施，微量元素在连续喷施2～3次后，若缺素症状消失，应停止喷施，避免发生肥害。

3. 喷施浓度

叶面施肥所用的肥料要求严格掌握喷施浓度，特别是微量元素肥料，浓度过低，施肥效果不明显，浓度过高容易产生肥害。咖啡生产上常用的叶面肥有尿素、磷酸二氢钾、硫酸镁、硫酸锌、硼砂或硼酸等，施用浓度分别是：尿素0.2%～0.3%、磷酸二氢钾0.3%～0.5%、硫酸镁0.3%～0.5%、硫酸锌0.1%～0.3%、硼酸或硼砂0.1%～0.2%。

叶面施肥尽管有很多优点，施用效果好，但生产上只能作为一种施肥辅助手段，绝不能代替土壤施肥。因此，要在土壤施肥，尤其是增施有机肥的基础上，配合叶面施肥，才能取得最大的经济效益。

第八章 病虫害防治技术

第一节 🫘 咖啡主要病害种类及其防治技术

一、主要病害

（一）咖啡叶锈病

1. 病原和症状

咖啡叶锈病是由驼孢锈菌（*Hemileia vastatrix* Berk.&Br.）侵染为害咖啡叶片的真菌性病害，是咖啡最重要的病害。咖啡叶锈病仅发生在叶片上，在严重大流行期间偶然可见到幼果和嫩梢上有孢子堆。一般月平均温度18～26℃，忽晴忽阴的天气极有利于此病流行。受侵染的叶片，初期叶背出现水渍状小黄斑点，病斑约达5～8mm时，叶背面即有橙黄色粉状孢子堆，病斑周围有浅绿色晕圈。后期病斑扩大，连成不规则的大病斑，最后干枯，呈深褐色，随之病叶脱落，若管理差又遇不良天气，枝条会逐渐干枯，植株逐渐失去生产能力。此病在秋冬季节，叶片有露水时最容易流行（图57：咖啡叶锈病病原和症状）。

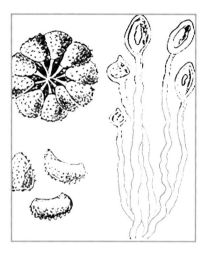

图57　咖啡叶锈病病原和症状

2. 防治方法

（1）农业措施：要彻底清除病源，经常检查苗圃，选择无病苗木定植，定期检查咖啡园的植株，结合修剪，除去病叶，特别是在旱季结束之前，要全面检查一次，一旦发现病叶，要全部摘除，减少侵染来源。同时要加强抚育管理，合理施肥、灌溉、修枝整型，使咖啡生长良好，增强抗病能力。

（2）化学防治：生产上防治本病的常用农药为1%～2%的波尔多液。喷药时需做到叶面叶背喷药均匀。喷药时间根据各地锈病流行规律灵活掌握，尽量在雨季来临之前和发病初期喷施。近年来采用粉锈灵粉剂、油乳剂、烟雾剂进行防治，都具有明显的防效。方法为用粉锈灵1000～1200倍液喷雾，每2～3星期一次；硫黄悬浮剂800～1000倍液喷雾防效也很好。

（3）选栽抗病品种：目前国外的咖啡选育种研究取得

巨大进展，如印度选育出肯特系列（Kent），S288、S795、S333等S系列品种，其中S288既能抗锈又能抗线虫侵害；巴西选育出埃卡突（Icatu）、蒙多诺沃（Mondo Novo）、卡杜艾（Catuai）；肯尼亚选育的SL28、SL34、K7及抗果腐病（CBB）和锈病（LBD）的鲁伊鲁11（Ruiru11），抗僵果病的鲁美苏丹（Rume Sudan）等品种；葡萄牙国际锈病研究中心（CIFC）选育的卡蒂莫系列品种；科特迪瓦的种间杂交种阿拉伯斯塔（Arabnsta）等。其中由葡萄牙锈病研究中心（CIFC）选育的Catimor7963具有良好的抗锈和丰产性，在我国咖啡主产区大面积推广种植。

（二）咖啡炭疽病

1. 病原和症状

咖啡炭疽病（*Colletotrichum coffeanum* Noack）为半知菌亚门毛盘孢属的病害。炭疽病是一种分布广泛的病害，几乎所有栽培咖啡的地区，都有此病的发生。在适合发病条件下，造成落果，降低产量。咖啡炭疽病除了为害叶片外，还可侵害枝条和果实，引起枝条回枯和形成僵果。病害多发生于叶

图58 咖啡炭疽病病原和症状图

片边缘，在叶片上下表面呈不规则的病斑，这些病斑中央灰白色，边缘黄色，后期完全变成灰色，其上有黑色小点排列成同心轮纹。果实感病后，初期有下陷的褐色病斑，果肉紧贴在种壳上，使脱皮困难，严重时造成落果（图58：咖啡炭疽病病原和症状图）。

2. 防治方法

（1）农业防治：加强田间管理，合理施肥、中耕除草，结合修枝整型清除病枝病叶，控制结果量，使植株生长旺盛，增强抗病力。

（2）化学防治：用1%波尔多液或40%氧化铜100倍液或70%百菌清250倍液，在发病季节每隔7～10d喷药一次，连续喷药2～3次，每年在发病初期喷药1～2次，对防治该病有较好的效果。

（三）咖啡褐斑病

1. 病原和症状

咖啡褐斑病（*Cercospora coffeicola* Berk et Cooke）为半知菌亚门尾孢属的病害。咖啡褐斑病是一种广泛分布的病害，病害主要发生在叶片和果实上。病害发生初期在叶片上产生近圆形病斑，病斑边缘褐色，中间灰白色，病斑扩大后，有明显的边缘和同心轮纹，叶片背面有黑色霉状物，有时数个病斑连在一起，但仍有数个白色的中心点，在果实上形成病斑，可盖满全果。在适合的条件下，病害蔓延迅速，严重时可致使果实凋落，降低产量（图59：咖啡褐斑病病原和症状图）。

2. 防治方法

（1）农业措施：做好田间管理，合理施肥，适当荫蔽，提高咖啡抗病能力。

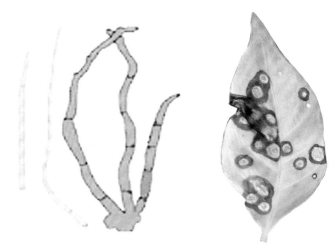

图59　咖啡褐斑病病原和症状图

（2）化学防治：喷施1%波尔多液、80%敌菌丹400倍液、50%苯莱特500倍液，都有良好的防治效果。

（四）咖啡幼苗立枯病

1. 病原和症状

咖啡幼苗立枯病（*Rhizoctonia Solani* Kuhn）为丝功纲（Hyphomycetes）无孢目（Agonomycetales）丝核功属（*Rhizoctonia*）真菌。发病初期在咖啡幼苗茎基部或茎干中部生产病斑，形成环缢缩状，全株自上而下逐渐青枯死亡。在咖啡幼苗茎干受害部逐渐腐烂，直至幼苗枯死。在病部长出乳白色菌丝体，形成网状菌索，后期长出菜籽粒大小的菌核，菌丝呈灰白色至茶褐色，菌核呈黑色（图60：咖啡幼苗立枯病病原和症状图）。

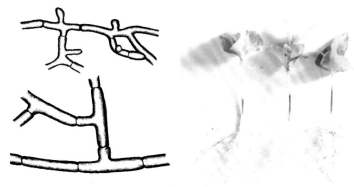

图60　咖啡幼苗立枯病病原和症状图

2. 防治方法

（1）农业措施：作为育苗使用的苗圃地不能连续多次使用，采用高畦育苗，避免苗圃地积水；用于播种的苗床尽可能采用干净的沙子作为床育苗，覆种材料也使用干净的沙子，尽量避免使用熟土或腐烂的杂草盖种；播种密度适当，咖啡种子一般控制在每平方米0.5～1.0kg/m²即可，幼苗出土后应及时移植到营养袋中。

（2）化学防治：播种前对种子进行杀菌消毒处理，可使用50%多菌灵500倍液或70%甲基托布津1000倍液等杀菌剂进行浸种处理，播种后每2至3周对苗床进行一次杀菌剂药液淋浇。发现病苗应及时清除并带离苗床或苗圃，并喷洒杀菌剂进行控制病害的蔓延，可选用50%多灵菌500倍液、70%甲基托布津1000倍液或0.5%波尔多液等。

第二节 ❂ 咖啡主要虫害种类及其防治技术

一、主要虫害

（一）咖啡灭字虎天牛

1. 为害症状

咖啡灭字虎天牛（*Xylotrechus quadripes* Chevrolat）以幼虫为害枝干，将木质部蛀成曲折、纵横交错的隧道，并向茎干中央钻蛀为害髓部，向下钻蛀为害根部，严重影响水分、矿质养分的输送，致使树势日渐衰弱，表现开花不稔实，枝叶枯黄，似缺水缺肥状态。当咖啡进入盛产期时，果实无法长大和成熟，终于枯萎，颗粒无收。被害植株易被风吹折断，植株被害后期，被蛀害处组织受刺激而形成环状肿块，表皮木栓层断裂，水分无法往上输送，上部枝叶因而黄萎，茎干基部萌发成丛的侧芽。当幼虫钻蛀至根部时，植株无法更新，最后干枯死亡（图61：咖啡灭字虎天牛为害症状及成虫图）。

图61 咖啡灭字虎天牛为害症状及成虫图

2. 防治方法

（1）人工处理：定期清除咖啡园内的有虫咖啡枝条和有虫植株，处理其内的虫体。此项措施简单易行，用工少，具有减少危害虫源的作用。

（2）药物涂干：结合田间观察，在成虫大量飞出树干交尾产卵的高峰期，喷洒农药或施放杀虫烟雾剂杀死成虫，减少成虫产卵的几率。具体方法是：用双氧磷钠0.5kg，加黄泥5kg，牛粪12.5kg和水0.75kg调成糊状，均匀涂在茎干木栓化部分，药剂厚20mm以上，施药时间4~5月份。

（3）清除虫源：加强咖啡园地的管理，改善咖啡园地生态环境，有条件的咖啡园要清除地边周围的野生寄主，减少害虫的繁殖场所。

（4）更新轮作：合理更新、轮作也是减轻天牛为害的方法之一。

（5）生物防治：释放管氏肿腿蜂、黑腹举腹姬蜂等天敌进行生物防治。

（二）咖啡旋皮天牛

1. 为害症状

咖啡旋皮天牛（*Dihammus cervinus* Hope）主要以幼虫为害咖啡树干基部，被害植株外表呈螺旋形伤痕，叶片变黄，整株呈现枯萎状，为害严重的植物会枯死，为害轻者来年不能正常开花结果，需要很长一段时间才能恢复生势。咖啡旋皮天牛在咖啡幼苗期（即在苗圃中）即开始为害咖啡树，定植以后受害加重。据调查，二年生幼树被害率为13%，三年生幼树被害率为68.3%，个别特别严重的地区，被害率竟达100%，使咖啡栽培受到很大的影响（图62：咖啡旋皮天牛为害症状及成虫图）。

图62 咖啡旋皮天牛为害症状及成虫图

2. 防治方法

（1）清除越冬幼虫：咖啡旋皮天牛幼虫在各种栽培和野生寄主的主干、茎或高大寄主植株的枝干内越冬，而到翌年雨季来临之后飞至咖啡树上产卵。因此在冬末春初害虫越冬期间，清查砍除咖啡园周围的寄主植物，对控制虫口基数、降低越冬幼虫为害具有积极作用。

（2）防止成虫产卵：根据咖啡旋皮天牛的生活史，在5月上中旬雨季来临之后，应用防虫涂剂，涂抹咖啡树干基部，防止成虫产卵。也可以用粉剂类农药混合牛粪泥浆涂抹。

（3）药杀早期幼虫：在6月下旬至8月中旬，当新孵化的幼虫正在树皮内旋蛀为害，还未蛀入木质部之前，用杀虫剂如80%的敌敌畏乳油1000倍液或20%敌杀死乳油1500倍液，喷射茎干2次，可将早期还未在皮层内旋蛀为害的幼虫杀死。

（三）咖啡豹蠹蛾

1. 为害症状

咖啡豹蠹蛾（*Zeuzera coffeae* Nietner）属鳞翅目（Lepidoptera）木蠹蛾科（Cossidae）的害虫；又名：咖啡木蠹蛾、咖啡豹纹木蠹蛾、咖啡黑点蠹蛾、茶枝木蠹蛾、棉茎木蠹蛾等。咖啡豹蠹蛾在咖啡树上为害是以幼虫在咖啡植株的一分枝（侧枝）上或茎干的中下部木质部（髓部）进行取食为害，受害植株叶黄、枝枯、幼果干枯、植株长势缓慢衰弱甚至整株枯死，幼龄咖啡树受害率一般为4%～5%，受害严重的咖啡园可达10%～12%；咖啡豹蠹蛾将卵产于咖啡植株的嫩稍顶端或腋芽处，初孵化的幼虫从腋芽处蛀入枝条或茎干，先在木质部和韧皮部之间旋蛀一至数圈，然后沿髓部向上蛀成直遂洞，使咖啡树遇到大风天气时植株枝条或茎干从蛀口处被折断，被害枝条或茎干被折断后，幼虫从折断处出来向枝条或茎干较粗的下段再次蛀食侵入为害，植株受害3～5d后，受害部位以上的枝干即可枯萎，受害部位蛀入孔下方可见到幼虫排出黄色粉末状的木屑粪便（图63：咖啡豹蠹蛾成虫、幼虫和为害症状图）。

2. 防治方法

（1）保护和利用天敌：咖啡豹蠹蛾的天敌种类不太多，但对咖啡豹蠹蛾大面积为害与暴发成灾具有重要的抑制作用，因此要尽可能地保护和利用天敌对咖啡豹蠹蛾虫口数量的抑制能力。

（2）加强田间管理：定期检查园中作物生长情况，一旦发现虫害枝或植株，应自幼虫蛀入孔下方及时剪除并烧毁或捕杀受害枝条内的幼虫，特别是秋冬或早春季节及时对田园内的作物和周边的寄主植物进行修枝整形，尽可能地剪除虫害枝或寄主植物以减少害虫的繁殖场所，并将受害枝条或寄主植物内的幼虫进行人工捕杀。

（3）化学防治：在4～6月卵孵化盛期，初孵幼虫蛀入枝干内为害前，可选用50%杀螟松乳油、45%氧化乐果1000～1500倍液，或20%氰戊菊酯乳油1500～2000倍液喷雾防治。对树干较粗的植株如发现有幼虫已从主干蛀入，则可用棉花球蘸取45%的氧化乐果乳油、50%敌敌畏乳油或50%杀螟松乳油10～20倍液堵塞幼虫蛀入口来杀灭树干内的害虫。

图63　咖啡豹蠹蛾成虫、幼虫和为害症状图

（三）咖啡介壳虫

1. 为害症状

咖啡介壳虫种类主要有咖啡绿蚧（*Coccus viridis* Creen）、咖啡盔蚧（*Saissetia coffeae* Walker）、吹绵蚧（*Icerya purchasi* Maskell）、根粉蚧（*Planococcus lilacinus* Cockerell）四种，在各咖啡种植区均有发生，其中咖啡绿蚧、吹绵蚧与根粉蚧已逐渐成为优势种群。咖啡介壳虫主要为害方式以喙刺吸咖啡嫩叶、嫩枝、嫩茎的汁液，导致咖啡树长势衰弱，叶片畸形皱缩，幼果皱缩不能正常生长发育，未熟即脱落，同时因其富含糖分的排泄物积聚诱发煤烟病（*Capnodium brasiliense*）的复合为害，影响叶片的光合作用，致使咖啡生势衰弱，产量减少，品质降低（图64：咖啡介壳虫为害症状图）。

2. 防治方法

（1）农业措施：主要采取加强肥水管理、中耕除草及修枝整形等，营造良好的生势健壮群体。

咖啡绿蚧　　　　　　　　咖啡吹绵蚧

咖啡盔蚧　　　　　　　　咖啡根粉蚧

图64　咖啡介壳虫为害症状图

　　（2）保护和利用天敌：咖啡介壳虫类自然天敌较多，如寄生蜂、瓢虫、寄生菌等，且对介壳虫的发生为害具有积极的抑制作用，因此建议防治措施主要以保护和利用天敌，尽量降低高毒农药的使用。

（3）化学防治：当大面积发生为害时可用40%氧化乐果或杀螟松800～1000倍液进行喷施防治2～3次防治。对根粉蚧化学防治可用乐果或氧化乐果按500倍兑水浇灌植株茎基部，每株500g，或用甲敌粉、呋喃丹撒施植株茎基部。

第三节 ● 咖啡田间安全使用农药基本原则

一、农药的基本概念

农药主要是指用于防治为害农林牧业生产的有害生物（害虫、害螨、线虫、病原菌、杂草及鼠类等）和调节植物生长的化学药品。农药广泛用于农林牧业生产的产前、产中至产后的全过程，同时也用于环境和家庭卫生除害防疫上，以及工业的防蛀、防霉。农药用于有害生物的防除称为化学保护或化学防治，用于植物生长发育的调节称为化学调控。科学合理用药、安全用药，调整农药品种结构，积极推广高效、低毒、低残留的化学农药和生物农药，加强使用农药人员的个人防护是减少高毒农药生产性中毒事故的发生和保障施药人员及消费者生命健康的重要措施，也是咖啡标准化栽培的关键措施。

二、咖啡园田间安全使用农药基本原则

咖啡病虫害防治应从整个咖啡园生态系统出发，坚持预防为主的原则，协调应用综合防治技术，创造一个有利于咖啡健康生长，又能抑制或杀灭病虫害孳生繁衍的环境条件，控制病虫发生为害。将病虫为害损失控制在经济允许水平以

下。咖啡园病虫害化学防治应根据以下基本原则，采取科学合理的用药方法，达到经济、安全、有效的防治目标。

第一：根据咖啡园中病虫害种类和农药的性质，选择对口农药。

第二：根据咖啡园病虫害发生为害的情况和环境条件，确定施药适期。

第三：掌握有效用药量，适量施药。

第四：按照施药目标和农药特性，采用恰当的施药方法。

三、咖啡园农药使用基本准则

（1）咖啡园病、虫、草害等的防治应当根据"预防为主，综合防治"的植保方针，积极推广使用安全、高效的农药和开展培训活动，提高施药人员的技术水准，并做好咖啡园病、虫、草害等的预测预报工作。

（2）应当加强对安全、合理使用农药的指导，根据咖啡园区病、虫、草害等的发生规律与情况，制定相应的农药轮换使用计划，有计划地轮换使用农药，减缓咖啡园病、虫、草害等的抗药性产生，提高防治效果。

（3）使用农药应当遵守农药防毒规程，正确配制和合理用药，做好农药废弃物的处理和安全防护工作，防止农药污染环境和农药中毒事故。

（4）使用农药应当遵守国家有关农药安全、合理使用农药的规定，按照规定的用药量、用药次数、用药方法和安全间隔期施药，防止污染咖啡产品。

（5）严格禁止使用剧毒、高毒、高残留或有致癌、致畸、致突变的农药。

（6）推广使用对人、畜无毒害、对环境无污染，对产品

无残留的植物源农药、微生物农药及仿生合成农药。

（7）允许使用无机农药中的硫制剂、铜制剂，但在一年内使用次数不宜超过5次。

（8）允许有限度地使用高效、低毒、无残留、对环境无公害的有机合成农药，但每种药剂在一年之内使用次数不得超5次，最后一次施药距采收咖啡果的间隔不得少于30d。

（9）提倡用敌鼠钠盐，严禁使用氟乙酰胺、氟乙酸钠等剧毒药物灭鼠。

（10）控制使用植物生长调节剂，一年之内使用次数不得超过6次。

（11）杀菌剂提倡交替用药，每种药剂喷施2～3次后，应改用另一药剂，以免病原产生抗药性。

（12）为了取长补短，有效控制病虫害发生为害，降低防治成本，提倡农药混合使用。但混用农药应是第二节介绍的农药品种，并应根据防治对象选择内吸杀菌剂与保护剂混用，杀菌剂与杀虫剂混用等。

（13）认真实施农药安全使用规定，施药人员要穿防护衣裤和戴胶皮手套，防止药液粘染皮肤、溅入眼睛等发生人、畜中毒事故，如发现农药中毒症状，应立即送医院诊治。

第九章　初加工技术

第一节 ● 鲜果采摘标准

新种植的咖啡树经过2～3年开始结果，4～5年进入盛产期，可连续挂果约40年。通常咖啡果皮变为鲜红色就可以采摘了，但因为花期不同，成熟期也不一致，果实也需要分批进行采摘，最好能做到随熟随采。

一、咖啡幼果到成熟果的颜色变化

咖啡果实初生时呈青绿或暗绿色，历经黄色、橙黄、橙红，最后成为鲜红至紫红色的成熟果实。成熟的咖啡浆果呈鲜红色，形状很像樱桃（图65：咖啡着色过程与采收对照示意图）。

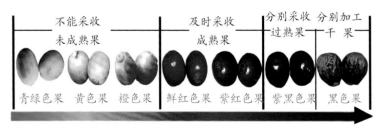

图65　咖啡着色过程与采收对照示意图

二、采收方法及标准要求

（一）成熟果的判断方法

先看咖啡果实的外观色泽，红如樱桃就是全熟果了，此时是采摘的最佳时机；其次可以用手轻轻挤压一下，如果咖啡豆很容易挤出，说明已经成熟了，可以采摘。

（二）采收方法及标准要求

（1）采摘时选择鲜果红至紫红色的成熟果实采收，绿色至橙红色未成熟果不能采摘，保证咖啡的整体品质（图65：咖啡着色过程与采收对照示意图）。

（2）正常成熟果要与病果、过熟果和干果分别采收，分开盛装和加工，不能混合在一起（图66：咖啡绿果、红果和干果比较）。

（3）采收时逐个采摘，不能将整个果穗摘下来，所采果实尽量未带果梗（柄）。

（4）采收时不能将叶片一同摘下，也不能损伤未结果部位的枝条、叶片和花芽。

（5）集中盛装时先将杂质去除，如枝、叶、石头、土块等清除干净后再倒入大袋中。

（6）大袋中的咖啡鲜果要放在树荫下，防止太阳暴晒，以免高温引起咖啡鲜果的后熟和发酵，影响鲜果脱皮和咖啡质量。

（7）采摘的咖啡果实必须当天运往工厂，以避免在田间就开始发酵。田间发酵最终会导致过度发酵咖啡豆的产生，降低咖啡的质量。

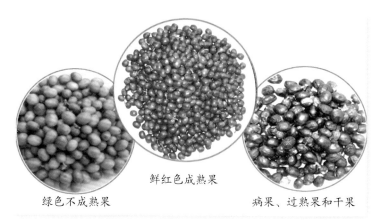

鲜红色成熟果

绿色不成熟果　　　　　　　　　　病果、过熟果和干果

图66　咖啡绿果、红果和干果比较

第二节 ● 鲜果加工技术

　　咖啡鲜果初加工是形成商品豆的重要环节，加工的过程中应避免二次污染，分批采收的咖啡需要分开加工，当天采收的鲜果应当天完成加工。鲜果加工分为干法加工和湿法加工两种，其他的方法都是在这两种方法的基础上创新的。

一、干法加工

　　干法加工，是指收获后的咖啡鲜果不经脱皮处理而直接进行晾晒干燥而得到咖啡干果，再用脱壳机一次性除去外果皮、内果皮甚至银皮，最后进行分级、包装等处理的咖啡加工工艺。干法加工的咖啡豆脂肪、酸物质、糖类含量明显高于水洗豆，杯评的醇厚度、甜感较强，能产生一些特殊的香味。以前干法加工主要用在水源比较缺乏的地区，或者比较劣质的病果、绿果，最后一批采收的都会用这样的方法加工

（图67：咖啡干法加工基本过程示意图）。

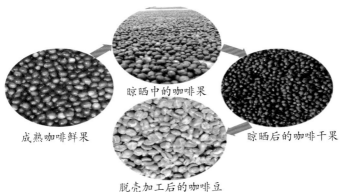

成熟咖啡鲜果

晾晒中的咖啡果

晾晒后的咖啡干果

脱壳加工后的咖啡豆

图67 咖啡干法加工基本过程示意图

二、半干法加工

半干法加工指的是鲜果经脱皮加工后带果胶直接晾晒或烘干干燥后，经脱壳、分级而成的商业豆，该方法介于干法和湿法之间。就是将采摘的咖啡果脱去果皮和果肉之后，将附带果胶和残余果肉的咖啡带壳豆直接晾晒或烘干，半干法加工在干燥过程中残余的果肉果胶的气味会被咖啡豆吸附，加工出来的咖啡豆在杯品中表现出果肉发酵的味道和丰富的甜度，而酸度则会降低。

蜜处理加工是半干法加工方法中的一种，即咖啡鲜果经脱皮后，将带有一定量的果肉和果胶的咖啡豆晾干的方法。蜜处理加工是一项比较复杂、费时、难度较大的加工方法。蜜处理加工工艺基本流程为：鲜果采摘→浮选→脱皮→水洗→晾干。蜜处理加工方法根据咖啡豆中果肉和果胶含量和晾晒干燥时间不同可分为黄、红、黑三种蜜处理方式（图68：咖啡蜜处理加工工艺基本流程）。

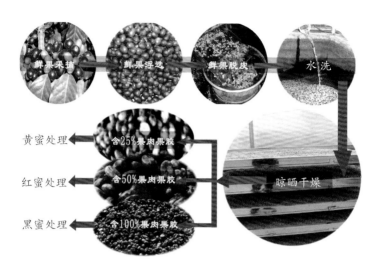

图68　咖啡蜜处理加工工艺基本流程

（一）黄蜜处理

在晾晒时咖啡豆保留25%的果肉和果胶，晾晒所需时间较短，一般为8d左右，最终加工出的咖啡带壳豆偏黄色（图69：黄蜜处理加工晾晒）。

图69　黄蜜处理加工晾晒

（二）红蜜处理

在晾晒时咖啡豆保留了50%的果肉和果胶，较黄蜜处理加工保留了更多的果肉和果胶，晾晒所需时间也更长，更多采取遮阴晾晒，避免长时间的太阳直晒，大概需要12d（图70：红蜜处理加工晾晒）。

图70　红蜜处理加工晾晒

（三）黑蜜处理

在晾晒时咖啡豆保留了100%的果肉和果胶，保留了最多的果肉和果胶，需要晾晒时间也更长，而且适合阴干，不宜直接暴露在阳光下。这是最复杂难度最高的一种加工处理方式，花费成本也最高，但是加工处理好的话，能够获得杯品质量更好、醇厚度和口感更丰富的咖啡豆（图71：黑蜜处理加工晾晒）。

图71 黑蜜处理加工晾晒

三、湿法加工

湿法加工又分为普通湿法加工和机械湿法加工。

（一）普通湿法加工

（1）主要工艺流程：指咖啡鲜果经脱皮后，将咖啡豆放入发酵池，注入一定量的水进行发酵脱胶，脱胶完成后进行清洗浸泡，然后将洗净的咖啡豆进行晾晒或烘干干燥，主要工艺流程如下（图72：普通湿法加工主要工艺流程）。

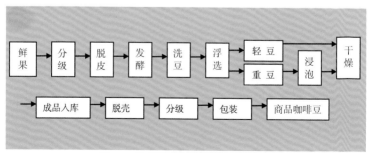

图72 普通湿法加工主要工艺流程

（2）常用加工设备［图73：咖啡鲜果常用脱皮设备（1~3）］。

1. 小型咖啡脱皮机　　2. 哥伦比亚立式脱皮机　　3. 油电两用式脱皮机

图73　咖啡鲜果常用脱皮设备（1~3）

（3）常用发酵脱胶清洗设施［图74：咖啡常用发酵脱胶清洗池（1~3）］。

1. 普通水泥发酵清洗池　　　　　2. 标准砖砌发酵清洗池

3. 发酵池

图74　常用发酵脱胶清洗池（1~3）

（4）流程式发酵脱胶清洗池（分流槽、发酵池、清洗池、浸泡池、废水处理池）。

（5）常用烘干干燥设备（图75~76：咖啡常用烘干干燥设备）。

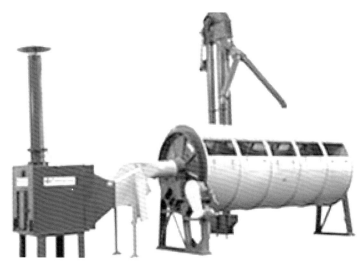

图75　滚筒式烘干干燥设备

图76　箱式烘干干燥设备

（二）机械湿法加工

（1）主要工艺流程：用机械设备一次性完成咖啡鲜果脱皮和脱胶工序，从而快速进入干燥工序环节的加工方法。机械湿法加工与普通湿法加工主要工艺流程相近，其最大的区别在于脱胶环节，机械湿法加工采用的是机械设备直接完成脱胶工序，而普通湿法加工采用的是发酵脱胶。机械湿法加工能最大限度地节省发酵脱胶和清洗时间、节省脱胶洗涤用水等，还可避免因发酵程度控制不当而导致的产品质量参差不齐及加工时的机损豆变色，从而降低咖啡豆次品率，提高了产品的附加值和经济价值。

（2）常用加工设备（图77~78：咖啡脱皮脱胶常用设备）。

图77　脱皮脱胶一体式组合机

图78 脱皮脱胶分离式组合机

（3）常用晾晒干燥方式［图79：咖啡常用晾晒干燥方式（1~3）］。

1. 室外场地平铺晾晒干燥

2. 室外晾晒架层叠式晾晒干燥

3. 大棚内晾晒架晾晒干燥

图79 常用晾晒干燥方式（1~3）

（三）普通湿法与机械湿法加工比较

分类 项目	普通湿法加工	机械湿法加工
工艺流程	咖啡鲜果→机械脱皮→发酵脱胶→清洗→干燥→脱壳→分级包装→商品咖啡豆	咖啡鲜果→机械脱皮脱胶→干燥→脱壳抛光→分级包装→商品咖啡豆
脱胶方式	采用自然发酵脱胶，发酵脱胶过程受环境温度影响较大，发酵脱胶过程慢且时间长短不一	采用机械脱胶，不需要经过自然发酵即可直接完成脱胶过程，脱胶过程快捷且不受环境温度变化影响
产品质量	发酵脱胶程度凭人为经验掌握，咖啡豆质量参差不齐，咖啡豆色泽较差，而且次品率高（达9%～14%以上）	脱胶过程可人为操控机械设备掌握脱胶程度，咖啡豆质量均匀一致，咖啡豆色泽较好，次品率较低（不超过5%）
加工成本	加工成本高。该加工技术对劳力、水资源的消耗较大，平均加工1吨鲜果耗费劳力2.5人，耗水8.5吨，导致生产成本增加	加工成本低。该加工技术节省了劳力消耗和水资源消耗，平均劳力用量减少约79.2%，用水量减少约61.9%，降低了产品加工成本
对环境的影响	对环境污染大。加工过程中平均加工1吨鲜果排出污水量达8.5吨，对环境的污染较大	对环境污染小。污水排放量减少约61.9%，对环境的污染也减小

第三节 ☕ 咖啡生豆加工技术

一、咖啡豆脱壳抛光

咖啡豆的脱壳和抛光是咖啡初加工的重要工序，属于咖啡初加工中重要环节，通常指采用专用脱壳抛光设备将咖啡豆外壳（内果皮或羊皮纸）脱去，然后进一步进行抛光处理，咖啡豆抛光处理主要是清除银皮和灰尘杂物，提升商品豆的外观色泽。咖啡豆在我国通常指未去除外壳的咖啡原料豆，又常称为咖啡带壳豆，咖啡豆脱壳专用设备通常称为咖啡碾米机，去除咖啡豆外壳后的咖啡生豆也通常称为咖啡米。咖啡豆脱壳抛光技术指标要求一般为：脱壳率≥90%；抛光率≥85%；破碎率≤5%（图80~82：常用的咖啡豆脱壳抛光设备）。

图80 开放式和封闭式小型脱壳机

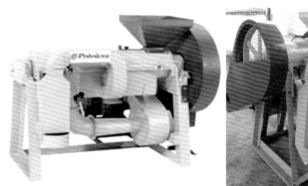

图81　巴西DBD-15型和国内生产的咖啡脱壳抛光机

图82　脱壳抛光和分级组合机

二、咖啡生豆（咖啡米）分级标准

（一）按咖啡生豆的大小进行分级

通常采用圆孔分级筛进行分级即径粒分级，国际常用分级标准按筛孔直径大小分为10～20级；国内按筛孔直径大小分为5级（详见表10）。

表10　咖啡生豆分级标准与筛孔直径对照表

国际标准	筛号	10	11	12	13	14	15	16	17	18	19	20
	直径 mm	4.00	4.50	4.75	5.00	5.60	6.00	6.30	6.70	7.10	7.50	8.00
中国标准		三级				二级		一级				
质量要求		要求颗粒饱满、完整、均匀、新鲜，无异味										

（二）按咖啡生豆的重量不同进行分级

由于咖啡种植管理水平、生长环境、成熟期等不同，形成的咖啡生豆密度和质量也不同，因而采用重力分选机和风选机进行分级。

（三）咖啡生豆常用分级设备（图83~84：咖啡生豆常用分级设备）

图83　咖啡生豆粒径分级机

图84　咖啡生豆重力分级机

三、咖啡生豆缺陷物类型

（一）小粒种咖啡缺陷物检查标准细则

按照国际标准组织规定，咖啡生豆中杂质和缺陷豆鉴定方法，随机抽取300g咖啡生豆样品计算其中杂质和缺陷豆进行分级。小粒种咖啡缺陷物检查国际标准细则（详见表11）。

表11　小粒咖啡缺陷物检查国际标准细则

杂质及缺陷物	折合成缺陷物个数	杂质及缺陷物	折合成缺陷物个数
大枝、大石块、大土块、其他杂质	1=2～3	臭豆、酸豆红豆、霉豆	1～2=1
中枝、中石块、中土块	1=1～2	带壳豆、破豆、半黑豆、碎豆、斑马豆、棕色豆、碎壳	2～5=1
小枝、小石块、小土块	1=1～3	机械损伤豆、未熟豆、萎豆、海绵豆、白豆、畸形豆	5=1
缺陷豆、干果豆、干果、黑豆	1=1	虫损豆	10=1

（二）小粒种咖啡生豆缺陷物分选

一般采用人工分选台分拣，或根据咖啡豆颜色特点，利用光电技术将咖啡中的异色颗粒自动分拣出来，即自动色选机分拣（图85~86：咖啡生豆分选设备）。

图85　咖啡生豆人工分选台

图86　咖啡生豆自动色选机

（三）咖啡生豆中常见的杂质和缺陷豆〔图87：咖啡生豆中常见杂质和缺陷豆（1~10）〕

1. 酸豆红豆

2. 绿豆即未成熟豆

3. 不成熟豆变成的黑豆

4. 成熟豆变成的黑豆

5. 优质正常豆

6. 优质正常豆

7. 杂质（树枝、石块、土块）

8. 机械损伤豆

9. 虫损豆　　　　　　10. 大象豆（俗称套壳豆）

图87　咖啡生豆中常见杂质和缺陷豆（1~10）

第四节 ◗ 咖啡生豆质量检测指标

一、物理检测技术指标（详见表12）

表12　物理特性检测指标要求

项目 ＼ 指标	要　求			检验方法
	一级	二级	三级	
粒度，mm，>	≥6.30	5.6~6.00	≤5.00	ISO4150
缺陷豆，%，≤	6.0	8.0	10.0	GB/T 15033
外来杂质，%，≤	0.1	0.2	0.3	GB/T 15033

注：粒度只适用于小粒种咖啡，达到同等级的粒度要求不应少于95%。

二、化学特性检测指标要求（详见表13）

表13 化学特性检测指标要求

特性	要求	检验方法
水分，%，≤	12.0	ISO 1447
灰分，%，≤	5.5	GB/T 5009.4
咖啡因，%，≥	0.8	ISO 10095

注：水分测定也可用110℃、60min烘箱法，当对测量结果有异议时，ISO 1447法为仲裁测量方法。

三、卫生检测指标要求（详见表14）

表14 卫生检测指标要求

项 目	要求	检验方法
砷（以As计）/（mg/kg）≤	0.5	GB/T 5009.11
铅（以Pb计）/（mg/kg）≤	0.5	GB/T 5009.12
六六六/（mg/kg）≤	0.2	GB/T 5009.19
滴滴涕/（mg/kg）≤	0.2	GB/T 5009.19

四、感官特性检测指标要求（详见表15）

表15 感官特性检测指标要求

项目	要求		
	一级	二级	三级
感官	香气浓郁，无异味，品味和口感都很好（杯品一级）	香气好，无异味，品味和口感都较好（杯品二级）	香气稍差，无气味，品味和口感都较差（杯品三级）
外观	颜色应为浅蓝色或浅绿色，气味清晰，无异味，圆形或椭圆形		

第十章 深加工技术

第一节 ◑ 焙炒加工技术与产品

一、烘焙方法与设备

咖啡生豆只有经过烘焙才能产生特有的香味物质，而咖啡风味的80%取决于烘焙技术。咖啡生豆商业烘焙方法大致可以分为直火式、半热风式和全热风式三种方法［图88：咖啡烘焙常用设备（1~7）］。烘焙最关键是对咖啡生豆特征特性和烘焙温度（火候）的掌控，最重要的是将豆子的内、外侧都均匀地烘焙熟透而不过焦，烘焙的最终目的是将咖啡生豆烘焙出最大极限的风味特色。

1. 直火式样品烘焙机

2. 直火式样品手网烘焙机

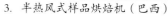

3. 半热风式样品烘焙机（巴西）　　　4. 半热风样品烘焙机

5. 半热风式大型商业　　6. 半热风式中型商业　　7. 全热风式商业
　　烘焙机　　　　　　　　　烘焙机　　　　　　　　烘焙机

图88　咖啡烘焙常用设备（1~7）

二、烘焙过程

烘焙过程大致可分为四个阶段（图89：咖啡生豆烘焙过程示意）：

（一）设备预热阶段

在咖啡生豆放入烘焙设备中进行烘焙之前，一般先将烘焙设备先预热至160~180℃左右，即可将咖啡生豆放入烘焙设备进行烘焙操作。

（二）吸热脱水阶段

咖啡生豆放入烘焙设备中后咖啡生豆开始吸热，内部水分逐渐蒸发，咖啡生豆的颜色由青色慢慢转为黄色或浅褐色，可闻到咖啡豆的清香味。这个阶段主要作用是去除水分，烘焙的时间在3~5min。

（三）高温反应阶段

当烘焙温度达到160℃左右，咖啡豆中的糖分、氨基酸、淀粉等开始发生反应，随着温度的不断升高，生豆内部由吸热转为放热，会出现爆破声，咖啡豆的颜色由褐色转成深褐色。

（四）冷却阶段

烘焙到需要的烘焙度，要立即出锅冷却。冷却的速度越快，咖啡的香味被锁住的越多。冷却除了可以锁住风味，还能控制咖啡豆不继续反应，常见的冷却方法有气冷和水冷两种，气冷在小型生产中运用得较多。

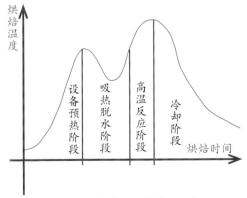

图89　咖啡生豆烘焙过程示意

三、烘焙程度及特征

咖啡生豆烘培的过程中，咖啡豆的体积会增大，颜色会由浅黄、褐色到黑色进行转变，颜色越深则烘焙的时间越长（图90咖啡生豆不同烘焙度及特征）。

脱水前期　脱水完成　一爆前期　一爆密集　一爆结束　二爆开始　二爆密集　二爆结束

| 未烘焙 | 极浅烘焙 95# | 浅烘焙 85# | 微中烘焙 65# | 中度烘焙 55# | 中深烘焙 45# | 深度烘焙 35# | 法式烘焙 25# |

图90　咖啡生豆不同烘焙度及特征

从左往右依次为：

（1）脱水前期：咖啡生豆。

（2）脱水完成：极浅烘焙，烘焙度95#，有生豆的青味，不适合研磨饮用。

（3）一爆前期：浅烘焙，烘焙度85# 有称肉桂烘焙，酸味突出，香味淡。

（4）一爆密集：微中烘焙，烘焙度65#，咖啡豆颜色加深，呈栗色，酸味适中，有咖啡醇香。

（5）一爆结束：中度烘焙，烘焙度55#，有咖啡苦味，香气佳，适合作为单品饮用。

（6）二爆开始：中深烘焙，烘焙度45#，苦味较酸味浓，香味浓郁，是标准的烘焙方法。

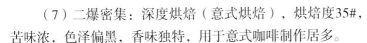

（7）二爆密集：深度烘焙（意式烘焙），烘焙度35#，苦味浓，色泽偏黑，香味独特，用于意式咖啡制作居多。

（8）二爆结束：法式烘焙，烘焙度25#，豆乌黑透亮，表面泛油。

四、咖啡烘焙产品

咖啡烘焙的产品主要有咖啡烘焙豆和烘焙粉。烘焙粉是用研磨设备将咖啡烘焙豆按冲泡制作的需要研磨成不同细度的粉末。为了便于储藏、运输、保持咖啡香气，防止吸附异味，保证咖啡产品质量和延长货架期等，应将制作好的咖啡烘焙产品及时用密闭的封装袋或容器进行包装储藏〔图91：咖啡烘焙产品（1~2）〕。

1. 咖啡烘焙豆   2. 咖啡烘焙粉

图91　咖啡烘焙产品（1~2）

第二节 ❾ 速溶粉加工技术与产品

1901年，在美国芝加哥工作的日本科学家Saetori Kato发明了速溶咖啡，George Constant Louis Washington发明了大规模生产速溶咖啡的技术，并在1910年将其推向市场。1938年，雀巢公司发展出更为先进的喷雾干燥法用于速溶咖啡制造。使得速溶咖啡能够很快地溶化在热水中，而且占用空间小、体积小，更耐储存，因此在大众市场发展迅速。目前著名的国外速溶咖啡品牌有雀巢、麦斯威尔、UCC等，国内具有速溶咖啡生产技术的品牌有后谷、景兰、海南力神等生产厂家。

一、速溶咖啡生产工艺流程

速溶咖啡是咖啡生豆经焙炒、粉碎后用水萃取可溶物，再经热空气干燥或冷冻干燥制成纯咖啡固体饮料。因为是可溶成分经过蒸发干燥，它能很容易再溶于水成为原汁饮品，其主要生产工艺流程如下（图92：速溶咖啡生产主要工艺流程）。

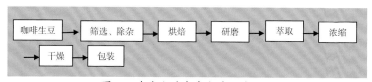

图92 速溶咖啡生产主要工艺流程

二、速溶咖啡生产工艺要点

（一）咖啡生豆的预处理

首先对原料进行精选，咖啡生豆应该是豆味新鲜，色泽明亮，颗粒完整、均匀，无霉豆、发酵豆、黑豆、虫蛀豆、极碎豆等劣次豆，以及没有豆壳、土块、木块、石块、金属等各种杂质。为了保证产品质量，可以采用振动筛、风压输送或真空输送等方式进行分离［图93：咖啡生豆处理设备（1~2）］。

1. 粒径分选机   2. 咖啡生豆色选机

图93 咖啡生豆处理设备（1~2）

（二）烘焙

烘焙是速溶咖啡风味和品质形成的决定性工序。商业上主要用半热风直火式、热风式烘焙机，此类烘焙机一般使用滚筒烘焙室，烘焙时间的长短，不仅因咖啡的品种及类型而异，还取决于最终产品所要求的烘焙程度（图94：咖啡生豆不同烘焙度色泽）。

一般烘焙程度浅则咖啡豆质软，酸味重，苦味弱，磨碎后较易浸提；而烘焙程度深则咖啡豆质脆，酸味弱，苦味重，磨碎后细粉较多从而影响浸提。烘焙不足则香味欠佳，成品色泽差且提出率低；烘焙过度则析出的油脂多会妨碍提取并影响喷干操作。所以良好的烘焙条件必须根据产品色泽、香味、得率、经济效率以及生产设备设计条件来确定。

图94　咖啡生豆不同烘焙度色泽

一般烘焙时间在20～30min之内，才能充分产生香气。烘焙时，应根据烘焙豆颜色、气味、体积变化及时调整烘焙火力，一般最高温度控制在230～250℃，此温度能取得较好的芳香并在萃取时取得较合适的品味。当咖啡豆达到所要求的烘焙程度时，关掉火源，停止加热，并立即冷却咖啡豆。咖啡烘焙豆从烘焙室倒出来之后，应启动抽风扇加以冷却，工业生产上也有向烘焙炉内喷洒一定量的冷水进行降温，然后再把烘焙好的咖啡豆倒出烘焙室外进行冷却。

（三）研磨

烘焙好的咖啡豆先存放一天后即可进行研磨。研磨粒度的大小与所使用的浸提设备有关，咖啡研磨得很碎，以少量的水就可以实现高效率浸提，但会使后续过滤产生困难；如果磨得较粗，易过滤但难浸提，若想得到同样的效果则需要大流量的水、较高的温度和较大的压力，否则将难于提高得粉率。一般研磨后的咖啡粉颗粒平均直径约为1.5mm。

（四）萃取（图95：速溶咖啡萃取生产车间）

萃取是生产速溶咖啡过程最复杂的中心部分，一般萃取使用的设备叫萃取器，它由6到8个萃取罐以管道互相连接并可交替组成一个操作单元。在一个操作单元内可以完成咖啡的浸润和可溶物的溶出，不溶性的碳水化合物受热水高温水解而部分转化溶出；咖啡粒子组成的滤层起过滤作用，除去对喷干操作和产品的贮存有不良影响的蜡质和脂肪。温度和压力是萃取过程中最直接的两个参数。烘焙咖啡粉中可溶物约占25%，在常压和100℃下萃取率可达30%，当温度达到180℃时，可以使一些高分子的碳水化合物提取出来，从而使萃取率提高10%～20%，这些高分子碳水化合物有利于芳香成分的结合，达到调整风味的效果；但温度高于190℃时，就会有不好的风味物质被提取出来。

图95　速溶咖啡萃取生产车间

（五）浓缩（图96：速溶咖啡浓缩生产车间）

浓缩一般分为真空浓缩、离心浓缩和冷冻浓缩。为了提高干燥效率，减小设备投资及能耗，经浓缩控制使其固形物浓度达到35%以上。

图96　速溶咖啡浓缩生产车间

（六）干燥（图97：速溶咖啡干燥生产车间）

可采用喷雾干燥法。浓缩液通过压力泵直接输送到喷雾干燥塔顶，通过压力喷枪喷成雾状，在250℃左右的热风气流下干燥成粉末。干燥方法另外还可采用真空干燥或冷冻干燥技术。冷冻干燥技术就是把咖啡浓缩液在低温中冻结，其中的水分被冻结成细小的冰晶微粒，然后在高真空条件下加热升华，从而实现低温干燥的目的。

图97 速溶咖啡喷雾干燥生产车间

三、速溶咖啡质量的改善方法

我国目前尚无速溶咖啡国家标准，速溶咖啡质量控制一般执行企业标准。主要涉及咖啡的感官、理化及微生物等指标。精选优质咖啡原料豆，采用先进生产技术，执行良好生产加工行为规范是保证生产出优质速溶咖啡的重要条件。

（一）相关概念

1. 速溶度

描述速溶咖啡速溶度的主要物理性质指标有沉降性、润湿性、分散性、溶解性、粒子密度和粒径等。沉降性是指速溶咖啡粉被润湿后沉没于水中的能力。沉降性决定于咖啡粉的粒径和粒子密度，粒径和密度越大沉降性也越大。湿润性是咖啡粉粒子表面吸附水的能力，是指按规定步骤测出的速溶咖啡被放置在水面上的颗粒被湿润所需要的时间。它受粉粒表面构造、粒径和粒子密度的影响，而这些物性受喷雾干燥条件的影响。分散性是表示咖啡粉于水中的分散速度，是指按规定步骤测出的能分散到水中的试样干物质重量的百分数。分散性是反映速溶性能的最佳指标，分散性的测量是分析产品是否速溶的定量方法。

2. 感官度

感官度指标主要有色泽、组织与形态、泡沫与杂质三项内容。咖啡中富含蛋白质、咖啡因、绿原酸等物质，由于工艺方法不同，速溶咖啡容易产生泡沫使人产生混浊不愉悦的感受。

3. 呈香度

呈香度指标为香型和品味两项内容。香型可分为天然香型和外赋香型。天然香型要求咖啡具有天然纯正咖啡的芳香，外赋香型可视消费者爱好而选择不同香型。香味表现的不同在于咖啡粉的闻香和冲调时的头香，赋香型表现出强烈的特定香味（如雀巢、麦氏速溶咖啡）。品味指冲调咖啡的苦味、酸味而无其他异味。主要由咖啡产地、品种、焙炒度等因素影响。

（二）改善速溶咖啡质量的方法

1. 改善加工工艺

采用冷冻干燥技术生产的速溶咖啡是目前品质最佳、风味和口感最好的速溶咖啡，它具有疏松多孔的内部结构，溶解速度快，彻底避免了喷雾干燥咖啡或凝聚速溶咖啡生产中高温干燥过程对咖啡品质的伤害，完好地保留了炒磨咖啡的风味和口感，其售价比喷雾干燥咖啡高出1.5倍左右。

2. 选择优质原料，合理掺和调配

速溶咖啡通常以各种不同品种、不同产地、不同质量

及价格的咖啡豆掺和使用，使各种咖啡的香味及化学成分得到最佳互补，并保证产品有稳定的质量和价格。选择优质原料，合理掺和调配是改善速溶咖啡质量的有效方法。掺和调配比例可根据当地市场的需要以及所采用的加工方法和设备条件决定。中粒种咖啡的咖啡因含量约为2.7%，会带来更浓的苦味。小粒种咖啡的咖啡因含量约为1.5%，且具有更好的咖啡风味。从提出率和经济效益方面考虑，中粒种咖啡更适宜用于加工速溶咖啡，但为了提高产品质量，建议选择小粒种咖啡加工速溶咖啡，或中粒种咖啡与小粒种咖啡应按一定比例进行掺和调配，以增加产品的香醇味。

3. 控制焙炒度和萃取率

合理控制咖啡焙炒程度；萃取水解率控制在30%左右，追求过高萃取率，可能会导致部分不溶于水的微小颗粒混入速溶咖啡中，影响咖啡溶解性及咖啡品质。

4. 速溶度的改善

为了改善速溶咖啡的速溶度，主要应使咖啡粉颗粒达到100～200μm，形成内部呈中空的毛细管结构，从而具有很快的湿润能力，为此可采用直通法流程加工喷涂卵磷脂装置来生产。较大的附聚颗粒可借助于喷雾干燥工艺参数的控制和使被干燥的颗粒进行二次流化床附聚而获得，很强的湿润能力则要通过向附聚粉颗粒喷涂有亲水特性的添加物来达到，使其在25℃以下的冷水中也能速溶。喷涂量一般控制在0.2%～0.3%，不应超过0.5%。通常采用的亲水物质是大豆磷脂中的卵磷脂的浓缩物。卵磷脂的喷涂是把相当于咖啡粉量0.5%的卵磷脂溶解到咖啡油中，加温到60℃左右并保温，用定量泵或螺杆泵通过双气流喷嘴，用0.8m/min的压缩空气在0.3MPa的压力下喷入咖啡粉的颗粒中。卵磷脂涂层厚度一般在0.1～0.15μm。

5. 呈香度的改善

速溶咖啡分为天然香型和外赋香型，市场一般多见外赋香型，为了弥补速溶咖啡本身的闻香和冲调时的头香不足，可采用保香措施。一般在萃取过程或干燥过程添加具有包裹能力的β–环糊精。若选定外赋香型，可以在喷涂卵磷脂环节同时完成。

6. 泡沫和杂质的改善

咖啡中泡沫与杂质是正相关的。杂质越多泡沫越多，杂质越少泡沫越少。而杂质取决于加工工艺，生产中一般是过滤和离心分离出来，以除去咖啡液中鞣质等不溶和部分胶体物质。为了减少泡沫盒浮渣，提高溶液澄清度，还可添加植酸等添加剂处理。

经过以上各项指标的改善可以达到提高速溶咖啡质量的目的。

四、速溶咖啡产品

速溶咖啡按加工工艺及外观形态分为三种：喷雾干燥速溶咖啡、凝聚速溶咖啡、冷冻干燥速溶咖啡。采用瞬时高温雾化干燥法而制取的粉末状速溶咖啡为喷雾干燥速溶咖啡；用喷雾干燥速溶咖啡再经凝聚造粒工艺而制取的颗粒状速溶咖啡为凝聚速溶咖啡；咖啡萃取液在低温下冻结，再经低温升华干燥而制取的块（粒）状速溶咖啡为冷冻干燥速溶咖啡。

速溶咖啡按制作过程中根据辅料添加不同可分为两类：以咖啡生豆为原料，经焙炒、粉碎、萃取、浓缩、干燥、包装而成的纯速溶咖啡；以纯速溶咖啡为主要原料，添加或不添加白砂糖、植脂末及食品添加剂，经调配、混合、包装工艺加工而成的混合型速溶咖啡。混合型速溶咖啡口味多样，呈香迥异（图98～100：速溶咖啡系列产品）。

图98　纯速溶咖啡产品（喷雾干燥）

图99　纯速溶咖啡产品（冷冻干燥）

图100　混合型速溶咖啡产品

第三节 🖤 咖啡副产物综合利用

　　随着世界咖啡需求和消费量的逐步增加，带动了咖啡种植与加工业的发展。咖啡生产的过程中产生的大量副产物，约占总重量的45%，主要有咖啡果肉、果皮、银皮、咖啡渣等。为了提高咖啡产业效益，充分发挥咖啡的利用价值，世界各咖啡生产国都对咖啡副产物进行了研究与利用。本章主要介绍咖啡及其副产物在饮食、工业及其他方面的应用，为咖啡的综合利用提供参考。

一、咖啡副产物营养价值

　　咖啡果皮、豆壳、咖啡渣等副产物含有丰富的营养成分，但目前一般当作废弃物丢弃，不仅污染环境，而且导致资源浪费。据分析，咖啡果皮含有蛋白质7.20%、粗脂肪2.66%、粗纤维21.44%、总糖16.40%（比咖啡豆高5.5%）、咖啡因0.83%（与咖啡豆相当）、VC50 mg/100g（比咖啡豆高20 mg/100g）、水浸出物48.10%（比咖啡豆高37.62%），其他如咖啡叶、花、壳、渣等也含有丰富的营养成分（详见表16），因此具有很高的开发利用价值。以目前我国咖啡豆产量14.55万吨计算，将产生40多万吨咖啡鲜果皮，产生3万多吨咖啡豆壳；以我国咖啡豆消费量19.50万吨和提取率30%计算，可产生10多万吨咖啡渣，因此开展咖啡废弃物的资源化利用势在必行，具有广阔开发前景。

表16 咖啡副产物营养成分

产品		蛋白质 %	粗脂肪 %	粗纤维 %	总糖 %	咖啡因 %	VC mg/100g	水浸出物 %
副产物	果皮	7.20	2.66	21.44	16.40	0.83	50.00	48.10
	花朵	15.80	8.74	11.80	18.20	1.47	190.90	54.50
	叶片	22.90	3.97	9.82	4.37	2.74	195.30	40.70
	豆壳	2.44	0.00	21.49	1.19	0.17	20.00	3.73
	咖啡渣	8.74	5.81	17.20	0.21	0.0026	0.00	0.00
咖啡豆		12.00	8.76	15.53	10.90	0.94	30.00	10.46

资源来源：云南省农科院热经所研究成果

二、咖啡副产物在饮食上的利用

（一）咖啡糖果、饼干系列产品（图101：咖啡糖果、饼干系列产品）

在糖果制作过程中加入咖啡粉或咖啡提取液等制成咖啡糖果、咖啡饼干等。咖啡糖的生产是用晶体尺寸粒度适当的精糖，与少量的精糖浓溶液（或结净水）混合，成为含水分1.5%~2.5%的湿糖，然后用成型机制成半方块状，再经干燥机干燥到水分0.5%以下，冷却后包装。咖啡糖果及咖啡饼干富含碳水化合物，是构成有机体的重要物质；储存和提供热能；维持大脑功能必需的能源；调节脂肪代谢；提供膳食纤维；节约蛋白质；解毒，增强肠道功能等。

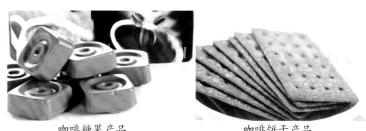

咖啡糖果产品　　　　　　　　咖啡饼干产品

图101　咖啡糖果、饼干系列产品

（二）咖啡茶系列产品（图102：咖啡茶系列产品）

1. 咖啡叶茶

咖啡叶茶，咖啡叶中含有咖啡因，利用咖啡叶经过杀青、揉捻、晒干可以制成咖啡叶茶，咖啡叶茶提神醒脑，可以利用修枝整形后废弃的咖啡嫩叶制作咖啡叶茶。

2. 咖啡果皮茶

咖啡果皮茶是由咖啡果皮和果肉干燥烘焙后制成的。因咖啡果皮茶中含有咖啡因，可起到提神醒脑的作用。在哥伦比亚，冰果皮茶是用干燥果皮浸泡，后混合碳酸水、糖和冰块制成的清凉饮品，有棕糖和枫糖糖浆的风味，以及李子和樱桃等水果的香气。

3. 咖啡花茶

咖啡花茶是采用授过粉的咖啡花瓣，晾干焙炒后用开水冲泡，略带茉莉花的香味，也可以与茶叶混合冲泡。

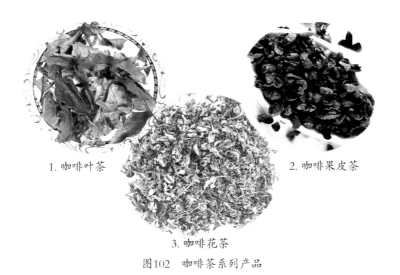

1. 咖啡叶茶   2. 咖啡果皮茶

3. 咖啡花茶

图102　咖啡茶系列产品

（三）咖啡果醋、果胶、咖啡酒

1. 咖啡果醋

咖啡工程的废水经过发酵后可获浓度为4.6%的醋酸，达到食用醋规定的正常浓度。日本首创的咖啡醋就是用咖啡废水精制而成，营养丰富，已走俏国际市场。

2. 咖啡果胶

印度有研究表明，湿法加工咖啡鲜果中产生的果胶，可以提取高品质的果胶。果胶是用于食品、美容和医药工业的重要原料。每千克咖啡鲜果可以提取50～120g果胶，利用价值较高。

3. 咖啡酒

咖啡果肉是湿法加工最主要的副产物，据报道，利用咖啡果肉制造酒精，15kg果肉可以提取1L浓度为90%的酒精［图103：咖啡酒产品（咖啡醇化酒和发酵酒）］。

咖啡酒按加工方式不同可分为醇化酒、浸泡酒和发酵酒。咖啡醇化酒是最早出现的一种咖啡酒，最早出现在南美，当地将咖啡和烈酒混合后，咖啡醇化酒散发出别具一格的浓烈醇香。浸泡酒是将烘焙咖啡浸出液与基础性酒勾兑，经陈化、过滤等工序，融咖啡香、酒香和适度甜于一体。咖啡发酵酒利用咖啡湿法加工所得的副产品，既可以用咖啡鲜果果肉作为原料经微生物发酵后酿制咖啡酒，也可以用果胶作为原料来生产咖啡酒。先筛选咖啡果皮晒干或烘干，然后破碎与糖酸水混合，接入活性干酵母及纯酒母发酵，发酵后的原酒经澄清、过滤、调制而酿成咖啡酒。该方法酿制的咖啡果酒风味独特，既有咖啡香味又有酒香味，营养丰富，具有提神之效。

图103　咖啡酒产品（咖啡醇化酒和发酵酒）

（四）咖啡油的提取与利用

咖啡渣是生产速溶咖啡时留下的副产物，其质量约占咖啡干豆的2/3，咖啡渣中含有较丰富的油脂、蛋白质和糖类等，其中咖啡油含量为咖啡豆的14%以上。从咖啡渣中可以提取咖啡油，它是一种有价值的天然香料用油，经稀释可作为食品的赋香剂或增香剂，还可用于制造咖啡香型的香水，咖啡油独特的性质使它具有较重要的应用价值。

（五）蘑菇种植栽培

利用咖啡壳、咖啡渣和混合基质，在不同的水分条件和接种量下种植栽培，咖啡壳、咖啡渣和混合基质的生物效率分别达到了85.8%、88.6%和78.4%，这也表明了单独使用咖啡壳和咖啡渣而没有其他的任何预处理就能种植食用菌（图104：咖啡渣种植蘑菇）。

图104　咖啡渣种植蘑菇

（六）膳食纤维及蛋白质的提取

咖啡渣和咖啡银皮，含有较高比例的膳食纤维（80%），其次是咖啡壳和咖啡废水。咖啡的膳食纤维具有抗氧化活性。法国已利用咖啡加工废弃的果肉和咖啡渣提取膳食纤维，其纤维具有棕黄的颜色和自然的坚果味，可用于高纤维、低热量快餐食品，如面包、谷物、疗效食品等。美国利用废弃的咖啡果肉提取蛋白质已进入规模化生产并开发出多项咖啡蛋白应用的新技术，如采用冷却模板与挤压法制成的仿肉型蛋白产品。这些产品是食品工业的新型原料和配料。

三、咖啡副产物在工业原料上的利用

（一）制作硬质纤维板

印度对咖啡果壳、果肉和果皮作为硬质纤维板的原料的研究表明，利用这些副产品与动物胶混合可以生产硬质纤维板和碎料板。这种硬质纤维板与目前市场上出售的其他硬质纤维板具有同样性能。

（二）利用咖啡壳制作杯子

悉尼的一家公司设计了一款用咖啡壳制作的咖啡杯。这种杯子利用废咖啡豆壳制成，可以重复利用，不仅利用了咖啡生产加工的废弃物，还能够代替一次性纸杯，减少纸杯对环境的二次污染（图105：咖啡豆壳制作的杯子）。

图105　咖啡豆壳制作的杯子

（三）咖啡日化产品

咖啡因能促进身体的新陈代谢，增加热能的消耗从而加速脂肪分解，同时咖啡因还能加速身体排水，对面部、眼部去水肿也很有效果。咖啡渣不仅可使肌肤光滑，还有紧肤、美容的效果。因此利用咖啡渣等制作了咖啡香皂、咖啡牙膏、咖啡面膜等。咖啡中含有1080种香气，通过萃取等可以得到咖啡香水、咖啡精油等产品（图106：咖啡日化产品系列）。

咖啡香皂　　　　　　　　　　咖啡精油

咖啡牙膏　　　　　　　　　　咖啡面膜

图106　咖啡日化产品系列

三、咖啡副产物在其他方面的应用

（一）咖啡果皮等发酵后做有机肥

咖啡果肉和咖啡渣的肥料价值高于畜肥，是作为有机肥料和土壤结构改良剂的好材料。据研究，用经过沤熟的咖啡果肉施于咖啡植株，有利于促进咖啡生长，而且使植株增强对咖啡线虫害的抗性，大量的咖啡渣撒施在咖啡园中，让其慢慢分解，可改善土壤结构。

（二）做禽畜饲料

咖啡果肉、咖啡渣、咖啡壳都是热带发展中国家农村禽畜的重要搭配原料。肯尼亚在饲料中掺入20%的咖啡种壳粉代替玉米粉养牛，对牛的增重和饲料的有效转化率均无不良影响，用一定数量咖啡果肉制成咖啡糖蜜加棉籽饼作混合饲料对猪的生长有促进作用，混入20%~40%的咖啡果肉获咖啡渣作为补充饲料，对奶牛的产奶量、奶脂百分率以及奶的风味均无不良影响。

（三）咖啡废水的利用

咖啡湿法加工在剥肉、发酵和洗涤中都会产生大量废水。可用来灌溉咖啡苗床、对种子催芽无不利影响。咖啡废水富含碳酸钾，可增加堆肥的营养价值。中美工业研究所创造了一种方法，用这些废水作为培养微生物的生长基质，这些微生物可用做牲畜的蛋白质饲料。其他为利用的废水，经厌气池处理，至少可减少起始生物耗氧量的50%。

（四）咖啡壳做能源材料

咖啡壳热值高，每千克约含3200~3500千卡。在肯尼亚用人工调节的空气将咖啡壳炭化制成咖啡炭，作为燃料可连续烧6h，且无烟。印度利用咖啡果肉产生沼气，每吨咖啡果肉月产沼气达70m^3，其燃烧值相当于50L石油的燃烧值，印度利用咖啡果肉和牛粪发酵生产沼气能，既可供当地农民照明和咖啡加工厂用电需要，沤熟的废浆中含有配比适量的氮、磷、钾，因此又可获得生物肥料，减少环境污染。

第十一章　冲泡和制作技术

一杯好的咖啡出品需要"三好"，即好人、好豆、好机。所谓"好人"指的是专业的咖啡师；"好豆"，即选用优质的咖啡生豆、新鲜烘焙、新鲜研磨；"好机"，即选用合适冲泡机器或器具。咖啡冲泡主要分为压力式冲泡及非压力式冲泡（图107：常用咖啡压力式冲泡设备）。压力式冲泡主要是利用半自动或全自动咖啡机制作意式咖啡及花式咖啡。非压力式冲泡主要是利用手冲滴滤壶、虹吸壶、法压壶、摩卡壶、挂耳包等制作咖啡，主要用于制作单品咖啡。

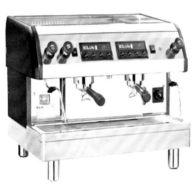

1.　意式咖啡机　　　　　2.　全自动咖啡机

图107　常用咖啡压力式冲泡设备

一、意式咖啡及花式咖啡的制作

意式咖啡及花式咖啡制作主要用半自动的意式咖啡机制作咖啡。常见的有：意式特浓、摩卡、美式咖啡、卡布奇诺、拿铁、焦糖玛奇哈朵（详见表17）。

表17　咖啡常见制作产品

咖啡名称	制作材料设备	制作方法
意式特浓	意式咖啡机 拼配咖啡豆 意式咖啡杯	1. 用7克意式咖啡粉、意式咖啡机（要求：88~92℃热水、8~10bar水压、0.8~1.2bar气压），在20~30s内制作出20~30mL、表面呈榛子色或浅棕褐色且能反射出光泽、具有持久度的油脂咖啡； 2. 在饮用时可以加糖，但不要加奶，配冰水。
摩卡	意式咖啡机 意式特浓咖啡 摩卡咖啡杯 巧克力酱 牛奶	1. 将制作好的双份特浓咖啡注入摩卡杯中； 2. 将牛奶打成奶沫并注入咖啡中心部位至九成满（只是咖啡中心位置为白色）； 3. 用咖啡勺将奶沫沿杯口铺1cm宽的环形白色牛奶带； 4. 将巧克力沿咖啡中心白色部分边沿和牛奶带边沿画圆圈； 5. 用自制挑花工具从咖啡中心向外划并间隔从外往中心划。
美式咖啡	意式咖啡机 开水 意式特浓咖啡 美式咖啡杯 糖包 牛奶	1. 在杯中加入热水至七分满； 2. 注入特浓咖啡倒入杯中； 3. 饮用时可以加糖加奶。

续表17

咖啡名称	制作材料设备	制作方法
卡布其诺	意式咖啡机 意式特浓咖啡 卡布其诺杯 糖包 牛奶	1. 在卡布其诺杯中注入1杯标准的意式特浓咖啡； 2. 将适量冷藏鲜牛奶倒入不锈钢杯中，用蒸汽将奶打成绵密的奶泡状； 3. 在底料意式特浓咖啡上拉出花形。
拿铁	意式咖啡机 意式特浓咖啡 拿铁杯 糖包 牛奶	1. 将牛奶打成奶沫并注入拿铁杯（牛奶3/5、奶沫1/5）； 2. 将制作好的特浓咖啡从杯中心轻轻注入并形成分层； 3. 可点缀少量可可粉。
焦糖玛琪哈朵	意式咖啡机 意式特浓咖啡 马克杯 焦糖 牛奶	1. 在卡布其诺杯中注入1杯标准的意式特浓咖啡； 2. 将适量冷藏鲜牛奶倒入不锈钢杯中，用蒸汽将奶打成泡沫状； 3. 将奶沫倒入咖啡中，使其浮于表面； 4. 用焦糖糖浆在奶末表明画方格即可。

二、单品咖啡制作

单品咖啡，相对于咖啡拼配豆而言，是指采用原产地出产的单一品种的咖啡豆，饮用时一般不加奶或糖的纯咖啡。单品咖啡具有明显的地域风味特色和品种特征特性，口感独特而明显，或清新柔和，或香醇顺滑等。单品咖啡制作一般采用手冲滴滤壶、虹吸壶、法压壶和摩卡壶等，而最为方便携带和冲泡则为挂耳咖啡（图108：常用的单品咖啡制作器具）。

　滴滤壶　　　虹吸壶　　　　法压壶　　　　摩卡壶

图108　常用的单品咖啡制作器具

（一）手冲滴滤式

（1）历史：手冲咖啡是精品咖啡时代最流行和最重要的咖啡冲泡方式之一，这种风靡世界的冲泡咖啡方式，由德国的一位家庭妇女本茨·梅丽塔（Bentz Melitta）发明。

（2）特点：手冲滴滤冲泡是技术难度较大咖啡饮品口感可塑性较强的一种咖啡冲泡方法。手冲诠释的咖啡味谱，会比虹吸壶更为细柔、明亮、顺滑有层次感，甜感足。

（3）手冲滴滤壶冲泡制作要求（2人份）：

①水温：88～92℃；②咖啡豆用量：20g；③咖啡粉粗细度：中度研磨（小富士研磨刻度：3.5）；④粉水比1∶15；⑤冲泡时间：1.5～2min。

（4）冲泡流程如下（图109：手冲滴滤壶咖啡冲泡制作流程）。

①准备工作：即准备滴滤式手冲所必需的手冲壶、滤纸、滴滤杯、滴滤壶和新鲜的咖啡烘焙豆（2人份20g）等材

料和器具；

图109　手冲滴滤壶咖啡冲泡制作流程

②磨豆：将新鲜的咖啡烘焙豆用磨豆机研磨成粗细度适中的咖啡粉（小富士研磨刻度：3.5）；

③折叠滤纸：为了滤纸和滤杯紧密贴合；

④浸湿滤纸：滤纸放入滤杯后用热水将滤纸完全浸湿，使滤纸与滤杯杯壁充分贴合；

⑤布粉：取适量研磨好的咖啡粉放入滤杯中并轻缓摇平；

⑥焖蒸：布粉完成后用手冲壶均匀缓慢注入适量热水（88～92℃），使热水与咖啡粉充分浸湿且没有咖啡液滴落，静置20～30s；

⑦绕圈注水：焖蒸完成后，用手冲壶以绕圈的方式均匀缓慢注入热水进行冲泡；

⑧温杯：在等待咖啡液滴入滴滤壶中的同时，在饮用咖

啡的杯子中注入热水进行冲洗和温杯；

⑨倒入咖啡液：当滴滤和温杯完成后，将滴滤壶中的咖啡轻轻摇匀，即可倒入咖啡饮用杯中；

⑩享用咖啡：咖啡液倒入咖啡杯后可根据自己喜欢的口味，可以添加一些糖、牛奶等进行调味以减少咖啡的苦味感。

（二）虹吸壶

（1）历史：虹吸壶，又叫赛风壶，是一种观赏性极佳的咖啡制作方式。1840年苏格兰工程师纳皮耶（Robert Napier）发明了虹吸壶，后来由法国的瓦瑟夫人（Madame Vassieux）取得专利，19世纪50年代英国与德国已经开始生产制造，后来咖啡文化传入日本，日本把这一器具发扬光大，再传入中国台湾，随着"第三波"咖啡文化的流行风靡全球。

（2）特点：虹吸壶的萃取水温容易掌控，冲煮品质相较于手冲，更为稳定，而且味谱丰富厚实，醇厚度高。

（3）虹吸壶冲泡制作要求（2人份）：

①水温：沸水（90～100℃）；②咖啡豆用量：20g；③咖啡粉粗细度：中度研磨（小富士研磨刻度：3.5）；④用水量：360mL；⑤冲煮时间：45～60s。

（4）虹吸壶咖啡冲煮流程如下（图110：虹吸壶咖啡冲煮制作流程）：

①准备冲煮所必需的虹吸壶，加热用的酒精灯或光波炉，降温用的湿毛巾和研磨好的新鲜的咖啡烘焙粉（2人份20g）等材料和器具；

②将虹吸壶所用的滤网（滤片）装入虹吸壶玻璃上座中并拉紧固定好；

③用热水将虹吸壶（玻璃上座和下座）清洗干净；

图110　虹吸壶咖啡冲煮制作流程

　　④虹吸壶清洗完成后倒入适量的水（热水）360g，然后用酒精灯或光波炉进行加热玻璃下座，待水因加热受压全部压入到玻璃上座后，用搅拌勺（一般为木制的）搅拌几圈，将火力关小；

　　⑤倒入研磨好的咖啡粉，按顺时针方向均匀搅拌数圈，煮45～60s即可；

　　⑥关掉酒精灯或光波炉等加热设备，将虹吸壶移到一边，用叠好的湿毛巾降温玻璃下座，使咖啡液迅速回落到下座中；

　　⑦将咖啡液倒入温好的咖啡杯中，即可享用咖啡。

　　（三）法压壶

　　（1）历史：法压壶，大约于1850年发源于法国。由于耐热玻璃瓶身和带压杆的金属滤网组成的简单冲泡器具，也是最为实用的咖啡入门器具。

（2）特点：通过水与咖啡粉全面接触浸泡的焖煮法来释放咖啡的精华，能够完整诠释咖啡的风味特征，醇厚度高，最接近咖啡杯测的冲煮方式。

（3）法压壶制作咖啡要求（2人份）：

①水温：88～92℃；②咖啡豆用量：30g；③咖啡粉粗细度：粗度研磨（小富士研磨刻度：7.0）；④粉水比，1∶15～1∶18；⑤冲泡时间：3～4min。

4. 制作流程如下（图111：法压壶咖啡冲煮制作流程）：

①准备冲煮所必需的法压壶、研磨好的新鲜咖啡烘焙粉（2人份30g）等材料和器具；

②将备好的30g咖啡烘焙粉放入法压壶中，然后轻缓的注入热水（粉水比，1∶15～1∶18）；

③注水完成后将静置3～4min；

图111　法压壶咖啡冲煮制作流程

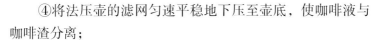

④将法压壶的滤网匀速平稳地下压至壶底，使咖啡液与咖啡渣分离；

⑤将咖啡液倒入温好的咖啡杯中即可品尝饮用。

（四）摩卡壶

（1）历史：摩卡壶最早起源于意大利，发明人阿尔凡索布拉莱蒂（Alfanso Blaletti）发现当地的洗衣机中有一根金属管，可将加热后的肥皂水从洗衣机的底部吸上来。他由此得到灵感，1933年发明了摩卡壶，这是世界上第一支通过蒸汽压力萃取咖啡的家用咖啡壶。

（2）特点：摩卡壶是家用制作Espresso最好的家用壶具，可以制作出香气浓郁、口感醇厚的意式浓缩咖啡。

（3）摩卡壶制作咖啡要求（2人份）：

①水温：88～92℃；②咖啡豆用量：20g；③咖啡粉粗细度：细度研磨（小富士研磨刻度：1）；④用水量：360mL；⑤冲泡时间：1.5～2min。

（4）制作流程如下（图112：摩卡壶咖啡冲煮制作流程）：

①准备冲煮所必需的摩卡壶，研磨好的新鲜咖啡烘焙粉（2人份20g）等材料和器具；

②将咖啡烘焙粉放入过滤器；

③装满咖啡压平，使之低于过滤器边缘，铺平滤纸；

④向下壶体中注入清水，水位低于安全阀；

⑤用酒精灯加热，直至上支有咖啡液溢出时，将火关小；

⑥加热至有咖啡油脂由黄变白时，将热源分离；

⑦将上壶体中的咖啡倒入温好的咖啡杯中，趁热享用。

图112　摩卡壶咖啡冲煮制作流程

（五）挂耳咖啡

（1）历史：挂耳咖啡是一种咖啡豆磨粉后装滤袋密封的便携式咖啡，挂耳包是日本人研发出来的设计，滤包用于存放咖啡粉（10g/包），而两侧是小直板，像两个小耳朵，所以叫挂耳咖啡。

（2）特点：挂耳咖啡方便携带，冲泡简单，是最近较流行的咖啡，特别适合于居家、办公室和旅行使用。

（3）冲泡要求：

①水温：88～92℃；②咖啡粉用量：1包（10g/包）；③用水量：150～180mL；④冲泡时间：1.5～2min。

（4）制作流程如下（图113：挂耳咖啡冲煮制作流程）：

①取1包（10g/包）挂耳咖啡，打开包装袋，取出挂耳滤袋将封口沿滤袋上的虚线撕开；

②将滤袋两边的挂耳沿滤袋边缘拉起，将咖啡滤袋挂在咖啡杯壁上；

③缓慢向咖啡滤袋中注入热水，由内向外顺时针方向绕圈注水，建议水量170mL，整个冲滤时间120～150s；

④冲滤完成后将挂耳滤袋取出，丢弃使用过的咖啡挂耳包；

⑤趁热享用咖啡，也可根据自己喜欢的口味，添加一些糖、牛奶等进行调味以减少咖啡的苦味感。

图113　挂耳咖啡冲煮制作流程

附一：1至4龄咖啡栽培管理历

1至4龄咖啡栽培管理历

一、1龄咖啡栽培管理历

1月管理工作（小寒–大寒）

物候期：种子露白、发芽生根、出土。

工作重点：定期浇水、病害防治、苗圃搭建、装袋。

管理措施：

1. 采用沙床催芽育苗，并在上一年12月份完成播种工作。

2. 定期浇水。播种后每间隔3~5d对塑料薄膜拱棚内的沙床（苗床）进行水分抽查，并根据天气情况每7~10d进行一次浇水。具体措施：采用带有多孔喷头的水管或喷壶进行淋浇，每平方米墙面淋浇2~5L（kg）水，浇水完成后及时盖上薄膜。

3. 病害防治。主要是对幼苗立枯病的防治。具体措施：每间隔14~20d，结合浇足水分后采用多孔喷壶在沙床墙面内均匀的淋洒500~800倍液多菌灵药液。药液淋洒完后及时盖上薄膜。

4. 苗圃搭建与装袋。

2月管理工作（立春-雨水）

物候期：种子出土、子叶伸展。

工作重点：定期浇水、病害防治、装袋、幼苗移植。

管理措施：

1．苗床揭去塑料薄膜前的浇水与病害防治同上，揭膜视天气情况与苗床的水分情况每3~5d浇一次水。

2．装袋。如1月份未完成营养土装袋工作，尽快在幼苗植前完成。

3．幼苗移植。幼苗移植前3~5d逐渐揭去拱棚上的塑料薄膜。具体措施：揭膜时间选择在每天下午5点以后进行，第一天将拱棚两端的薄膜揭开5~10cm；第二天，将拱棚两端的薄膜揭开15~20cm；第三天，将拱棚两端的薄膜揭开25~30cm，同时将拱棚两边的薄膜揭开5~10cm；第四天，拱棚两端的薄膜揭开程度与前相同，并将两边的薄膜揭开15~20cm；第五天，将拱棚上的塑料薄膜全部揭去。如在连续的阴雨天气中进行，则可将上述揭膜过种缩减至3d内完成，揭膜完成后即可将幼苗移植到营养袋中。

3月管理工作（惊蛰-春分）

物候期：幼苗生长、真叶抽生。

工作重点：幼苗移植、苗圃管理、规划开垦。

管理措施：

1．幼苗移植。移植3~5d后，对苗圃进行逐墒检查，发现有死苗或缺苗的营养袋应及时补植幼苗。

2．苗圃管理，主要是拔除杂草，防治病虫及灌溉追肥等。

3．规划开垦。

4月管理工作（清明-谷雨）

物候期：幼苗生长、真叶抽生。

工作重点：苗圃管理、规划开垦。

管理措施：

1. 苗圃管理：同上。

2. 规划开垦：同上。

5月管理工作（立夏–小满）

物候期：幼苗生长、真叶抽生。

工作重点：苗圃管理、规划开垦、还填定植。

管理措施：

1. 苗圃管理与规划开垦：同上。

2. 回填定植。有灌溉条件的地块5月中旬即可选择长势健壮的苗木进行定植，如灌溉条件较差的地块应在6月中下旬至7月初雨季来临时进行定植，定植1周后进行查缺补苗。

6月管理工作（芒种–夏至）

物候期：恢复生长、抽生真叶。

工作重点：苗圃管理、还填定植、苗（龄）期管理。

管理措施：

1. 回填定植：同上。

2. 苗（龄）期管理：主要进行田间中耕除草与病虫害防治。定植20天后应定期检查苗木定植后的恢复生长情况，如有杂草生长应及时采用人工进行中耕除草，如有炭疽病和褐斑病发生应每间隔两喷雾防治一次，连续进行三次，药剂可选用甲基托布津、代森锰锌、甲基硫菌灵等杀菌剂。

7月管理工作（小暑–大暑）

物候期：苗木生长，抽生分枝。

工作重点：还填定植、苗（龄）期管理、追施肥料。

1. 还植定植：同上。

2. 苗（龄）期管理：主要进行田间中耕除草与病虫害防治，具体措施与方法同上。

3．追施肥料：定植后两个月左右即可对苗木进行追施肥料，此时施肥以氮素肥料为主，可选用尿素或含氮较高的复混肥，但不宜选用碳氨等挥发性较强的氮素肥料。

8月管理工作（立秋–处暑）

物候期：苗木生长、抽生分枝。

工作重点：苗（龄）期管理、追施肥料。

管理措施：

1．苗（龄）管理：主要进行中耕除草与病虫害防治，具体措施与方法同上。

2．追施肥料：完成第一次追肥工作，具体措施与方法同上。

9月管理工作（白露–秋分）

物候期：苗木生长、抽生分枝。

工作重点：苗（龄）期管理。

管理措施：主要进行中耕除草与病虫害防治，本月起至以后几个月是咖啡叶部病害如炭疽病、褐斑病和锈病的发病流行高峰期，应每间隔1周左右定期对田间苗木进行抽检，如发现发病率超过5%且病情较严重的，就及时采取相应的防治措施。

10月管理工作（寒露–霜降）

物候期：苗木生长减缓、抽生分枝减缓。

工作重点：苗（龄）管理、追施肥料。

管理措施：

1．苗（龄）期管理：同上。

2．追施肥料：10月中下旬到11月下旬，此时施肥以钾素肥料为主，可选用硫酸钾型的钾或含钾较高、含磷适中、含氮稍低的复混肥，并辅以有机质含量较高的有机肥等，采用开浅沟或浅塘的方法施肥。

11月管理工作（立冬–小雪）

物候期：苗木生长减缓、分枝抽生减缓。

工作重点：苗（龄）期管理、追施肥料。

管理措施：同上。

12月管理工作（大雪–冬至）

物候期：苗木生长停止、分枝抽生停止。

工作重点：苗（龄）期管理。

管理措施：有灌溉条件的地块应在本月内完成一次灌溉与浅中耕，无灌溉条件的地块也应完成浅中耕与干草等死覆盖，或薄膜覆盖进行抗旱保苗工作。其他具体管理措施与方法同上。

二、2龄咖啡栽培管理历

1月管理工作（小寒–大寒）

物候期：分枝分化。

工作重点：灌溉中耕、病虫害防治。

管理措施：

1. 有灌溉条件的地块根据水分与天气情况及时进行灌溉，灌溉条件较差的地块应紧接着上年底的浅中耕与死覆盖等抗旱保苗工作。

2. 病虫害防治：主要是对咖啡绿蚧、吹绵蚧、粉蚧及锈病等叶部病害的抽检和采取相应的防治措施。

2月管理工作（立春–雨水）

物候期：植株生长恢复、分枝生长恢复。

工作重点：灌溉中耕、病虫害防治。

管理措施：同上。

3月管理工作（惊蛰–春分）

物候期：植株生长加速、分枝生长加速。

工作重点：灌溉中耕、病虫害防治、施肥。

管理措施：

1．灌溉中耕与病虫害防治同上。

2．施肥：以氮素肥料为主，可选用N：P：K为幼龄树25：5：15，结果树15：5：25的复合（混）肥，也可选用氮素较高，其他偏低的复混肥，但不建议偏施只含单一元素的肥料。

4月管理工作（清明–谷雨）

物候期：植株生长、分枝生长。

工作重点：灌溉中耕、病虫害防治。

管理措施：同上。

5月管理工作（立夏–小满）

物候期：植株生长、分枝生长。

工作重点：中耕除草、病虫害防治。

管理措施：

1．中耕除草：结合浅中耕将种植台面内的杂草铲除，台埂斜坡上的杂草可采用砍刀、镰刀等工具砍倒，以不影响台面上咖啡苗的生长即可，尽量保持台埂斜坡的完整性。

2．病虫害防治：主要对介壳虫类与钻蛀性害虫（如天牛、木蠹蛾等）进行抽检，如有发现及时采取相应的防治措施。

6月管理工作（芒种–夏至）

物候期：植株生长、分枝生长。

工作重点：中耕除草、病虫害防治、施肥。

管理措施：同上。

7月管理工作（小暑–大暑）

物候期：植株生长、分枝生长。

工作重点：中耕除草、病虫害防治、施肥。

管理措施：参照上述管理措施。

8月管理工作（立秋–处暑）

物候期：植株生长、分枝生长。

工作重点：中耕除草、病虫害防治。

管理措施：参照以上措施进行管理。

9月管理工作（白露–秋分）

物候期：植株生长、分枝生长。

工作重点：中耕除草、病虫害防治、施肥。

管理措施：

1．在本月的最后一周开始进行施肥，以钾肥和磷肥为主并辅以有机肥，采用开浅沟施。

2．根据杂草生长情况进行除草。

3．病虫害防治：参照前述管理措施。

10月管理工作（寒露–霜降）

物候期：植株生长减缓、分枝生长减缓。

工作重点：病虫害防治、施肥。

管理措施：

1．病虫害防治：参照前述管理措施与。

2．施肥：参照前述管理措施，并在10月中旬前完成施肥工作。

11月管理工作（立冬–小雪）

物候期：植株生长减缓、分枝生长减缓。

工作重点：病虫害防治。

12月管理工作（大雪–冬至）

物候期：植株生长停止、分枝生长停止、花芽分化。

工作重点：病虫害防治、灌溉中耕、抗旱保苗。

管理措施：参照前述管理措施及1龄苗12月管理措施。

三、3龄咖啡栽培管理历

1月管理工作（小寒–大寒）

物候期：花芽分化、花蕾期。

工作重点：灌溉中耕、病虫害防治。

管理措施：具体参照上述管理措施。

2月管理工作（立春–雨水）

物候期：植株恢复生长、分枝恢复生长、花蕾期、初花期

工作重点：灌溉中耕、病虫害防治。

管理措施：具体参照上述管理措施。

3月管理工作（惊蛰–春分）

物候期：植株生长加速、分枝生长加速、盛花期。

工作重点：灌溉中耕、病虫害防治、施肥。

管理措施：具体参照上述管理措施。

4月管理工作（清明–谷雨）

物候期：植株生长、分枝生长、盛花期。

工作重点：灌溉中耕、病虫害防治。

管理措施：具体参照上述管理措施。

5月管理工作（立夏–小满）

物候期：植株生长、分枝生长、果实膨大、部分盛花期。

工作重点：中耕除草、病虫害防治。

管理措施：具体参照上述管理措施。

6月管理工作（芒种–夏至）

物候期：植株生长、分枝生长、果实膨大。

工作重点：中耕除草、病虫害防治、施肥。

管理措施：具体参照上述管理措施。

1. 进行施肥，以促进果实及枝梢生长。

2．根据杂草生长情况进行中耕除草。

3．雨季来临前清理好排水沟渠，防止咖啡受涝。

7月管理工作（小暑–大暑）

物候期：植株生长、分枝生长、果实生长。

工作重点：中耕除草、病虫害防治、施肥。

管理措施：具体参照上述管理措施。

1．雨季杂草生长较快，注意清除园内杂草。

2．采用上述方法，对病虫害进行防治。

3．继续六月份未施肥地块的尽快完成施肥工作。

8月管理工作（立秋–处暑）

物候期：植株生长、分枝生长、果实生长。

工作重点：中耕除草、病虫害防治。

管理措施：具体参照上述管理措施。

9月管理工作（白露–秋分）

物候期：植株生长、分枝生长、果实成熟。

工作重点：中耕除草、病虫害防治、施肥。

管理措施：具体参照上述管理措施。

1．在本月的最后一周进行施肥。

2．根据杂草生长情况进行除草。

10月管理工作（寒露–霜降）

物候期：植株生长减缓、分枝生长减缓、果实成熟。

工作重点：病虫害防治、施肥、果实采收。

管理措施：具体参照上述管理措施。

1．注意病虫害的抽检与防治。

2．继续九月份未施肥地块的尽快完成施肥工作。

3．对成熟果实进行采收。

11月管理工作（立冬–小雪）

物候期：植株生长减缓、分枝生长减缓、果实成熟。

工作重点：病虫害防治、果实采收。

管理措施：具体参照上述管理措施。

12月管理工作（大雪–冬至）

物候期：植株生长停止、分枝生长停止、果实成熟、花芽分化。

工作重点：病虫害防治、果实采收。

管理措施：具体参照上述管理措施。

四、4龄以上咖啡栽培管理历

1月管理工作（小寒–大寒）

物候期：花芽分化、花蕾期。

工作重点：果实采收。

管理措施：

1. 进行采收和加工。有些地方可在月底前摘光所有成熟果实。

2. 种植园收获之后，开始修剪和管理咖啡植株和荫蔽树，在新开垦地里进行除草和覆盖。

2月管理工作（立春–雨水）

物候期：果实成熟，花蕾期、初花期。

工作重点：采收、施肥、灌溉。

管理措施：

1. 为了促使植株抽发新梢，果实收获应尽早完成。

2. 着手管理和修剪咖啡树。

3. 2月中旬进行咖啡的花前施肥。

4. 在干旱地区注意咖啡园的灌溉。

3月管理工作（惊蛰–春分）

物候期：盛花期。

工作重点：灌溉、施肥、修枝、病虫害防治。

管理措施：

1. 没有施花前肥的应尽快施下。

2. 根据分枝萌发的强弱进行修剪咖啡植株。

3. 清除、烧毁所有被害虫为害的枝条。如有必要，还可用杀虫剂对植株进行局部喷施。

4. 干旱地区进行灌溉并适时中耕除草。

4月管理工作（清明–谷雨）

物候期：盛花期。

工作重点：病虫害防治、灌溉。

管理措施：

1. 结合修枝整型清除，烧毁钻蛀性害虫为害受损的枝条和树干。

2. 干旱地区进行园地灌溉并适时中耕除草。

5月管理工作（立夏–小满）

物候期：果实膨大期、部分地区盛花期。

工作重点：病虫害防治。

管理措施：

采用局部施药的方法来预防咖啡绿蚧、粉蚧和砍绵蚧等害虫的扩大为害，继续清除受钻蛀性害虫为害的植株，砍下并烧毁受害枝条。

6月管理工作（芒种–夏至）

物候期：果实膨大、分枝生长。

工作重点：施肥、中耕除草。

管理措施：

1. 进行施肥，以促进果实及分枝生长。

2．根据杂草生长情况进行中耕除草。

3．雨季来临前清理好排水沟渠，防止咖啡受涝。

7月管理工作（小暑-大暑）

物候期：果实生长，分枝生长。

工作重点：中耕除草、病虫害防治。

管理措施：

1．雨季杂草生长较快，注意清除园内杂草。

2．采用上述方法。

8月管理工作（立秋-处暑）

物候期：果实生长、分枝生长。

工作重点：病虫害防治、中耕除草。

管理措施：

参照以上管理措施。

9月管理工作（白露-秋分）

物候期：果实膨大、分枝生长。

工作重点：施肥、中耕除草、病虫害防治。

管理措施：

1．在本月的最后一周进行施肥。

2．根据杂草生长情况进行除草。

3．全园抽检钻蛀性害虫，受害植株要及时连根拔除立即烧毁，并重点对叶锈病进行抽检。

10月管理工作（寒露-霜降）

物候期：果实成熟。

工作重点：采收、病虫害防治。

管理措施：

1．部分地区果实开始成熟，进行采收加工。

2．继续用上述方法。

11月管理工作（立冬–小雪）

物候期：果实成熟。

工作重点：采收、病虫害防治。

管理措施：

1. 咖啡的采收和加工。最好是先采摘落叶的、衰弱和较矮小植株上的成熟果实。

2. 继续加强对咖啡叶锈病的抽检与防治。

12月管理工作（大雪–冬至）

物候期：果实成熟、花芽分化。

工作重点：采收、防治叶锈病。

管理措施：

1. 继续采收和加工咖啡收获物。

2. 继续加强病虫害抽检与防治，主要是对叶锈病及介壳虫类与钻蛀性害虫的抽检与防治。

附二：1至4龄咖啡栽培管理历简表

1至4龄咖啡栽培管理历简表

月份 咖啡树龄		1月 小寒 大寒	2月 立春 雨水	3月 惊蛰 春分	4月 清明 谷雨	5月 立夏 小满	6月 芒种 夏至	7月 小暑 大暑	8月 立秋 处暑	9月 白露 秋分	10月 寒露 霜降	11月 立冬 小雪	12月 大雪 冬至
1龄	物候期	种子露白 发芽生根 种子出土	种子出土 子叶伸展	幼苗生长 真叶抽生	幼苗生长 真叶抽生	幼苗生长 真叶抽生	恢复生长 真叶抽生	苗木生长 抽生分枝	苗木生长 抽生分枝	苗木生长 抽生分枝	生长减缓	生长减缓	生长停止
	工作重点	定期浇水 病害防治 苗圃搭建 装袋	定期浇水 病害防治 装袋 幼苗移植	幼苗移植 苗圃管理 规划开畦	苗圃管理 规划开畦	苗圃管理 规划开畦 还填定植	苗圃管理 还填定植 龄期管理	还填定植 龄期管理 追施肥料	龄期管理 追施肥料	龄期管理 防治病虫	龄期管理 防治病虫 追施肥料	龄期管理 防治病虫 追施肥料	龄期管理 防治病虫 注意抗旱
2龄	物候期	分枝分化	恢复生长	生长加速	植株生长 分枝生长	植株生长 分枝生长	植株生长 分枝生长	植株生长 分枝生长	植株生长 分枝生长	植株生长 分枝生长	生长减缓	生长减缓	生长停止 花芽分化
	工作重点	灌溉中耕 病虫防治	灌溉中耕 病虫防治	灌溉中耕 病虫防治 施肥	灌溉中耕 病虫防治	中耕除草 病虫防治	中耕除草 病虫防治 施肥	中耕除草 病虫防治 施肥	中耕除草 病虫防治	中耕除草 病虫防治 施肥	病虫防治 施肥	病虫防治	防治病虫 灌溉中耕 注意抗旱

续表

月份　咖啡树龄			1月 小寒 大寒	2月 立春 雨水	3月 惊蛰 春分	4月 清明 谷雨	5月 立夏 小满	6月 芒种 夏至	7月 小暑 大暑	8月 立秋 处暑	9月 白露 秋分	10月 寒露 霜降	11月 立冬 小雪	12月 大雪 冬至
3龄	物候期		花芽分化 花蕾期	恢复生长 花蕾期 初花期	生长加速 盛花期	植株生长 分枝生长 盛花期	植株生长 分枝生长 果实膨大	植株生长 分枝生长 果实膨大	植株生长 分枝生长 果实生长	植株生长 分枝生长 果实生长	植株生长 分枝生长 果实成熟	生长减缓 果实成熟	生长减缓 果实成熟	生长停止 果实成熟 花芽分化
	工作重点		灌溉中耕 病虫防治	灌溉中耕 病虫防治 施肥	灌溉中耕 病虫防治 施肥	灌溉中耕 病虫防治	中耕除草 病虫防治	中耕除草 病虫防治 施肥	中耕除草 病虫防治 施肥	中耕除草 病虫防治	中耕除草 病虫防治 施肥	病虫防治 施肥	病虫防治	病虫防治 果实采收 注意抗旱
4龄	物候期		果实成熟 花芽分化 花蕾期	果实成熟 花蕾期 初花期	盛花期	盛花期	果实膨大	果实膨大 分枝生长	果实生长 分枝生长	果实生长 分枝生长	果实膨大 分枝生长	果实成熟	果实成熟	果实成熟 花芽分化
	工作重点		果实采收 果实加工	果实采收 果实加工 灌溉中耕 施肥	灌溉施肥 病虫防治 修枝整型	灌溉中耕 病虫防治	病虫防治	施肥 中耕除草	中耕除草 病虫防治	中耕除草 病虫防治	中耕除草 病虫防治 施肥	果实采收 果实加工 病虫防治	果实采收 果实加工 病虫防治	果实采收 果实加工 病虫防治 注意抗旱

备注：具体管理措施与操作方法参照1~12月管理历与《小粒种咖啡生产新技术》

参考文献

（按出版和发表时间排序）

[1] 华南农业大学主编. 植物化学保护[M]. 北京：农业出版社，1990.

[2] 张维球. 农业昆虫学（上册）[M]. 北京：农业出版社，1995.

[3] 徐雍皋，徐敬友. 农业植物病理学[M]. 南京：江苏科学技术出版社，1996.

[4] 鲁如坤，等. 土壤–植物营养学原理和施肥[M]. 北京：化学工业出版社，1998.

[5] 陆景陵主编. 植物营养学（上册）[M]. 北京：中国农业大学出版社，2003.

[6] 胡霭堂主编. 植物营养学（下册）[M]. 北京：中国农业大学出版社，2003.

[7] （日）田口护著. 咖啡品鉴大全[M]. 书锦缘译. 沈阳：辽宁科学技术出版社，2009.

[8] 董云萍. 咖啡高产栽培技术[M]. 北京：中国农业出版社，2009.

[9] 黄家雄. 小粒咖啡标准化生产技术[M]. 北京：金盾出版社，2009.

[10] 刘光华，张星烂. 从深山走向世界的云南咖啡——云南咖啡种植、加工及经营[M]. 昆明：云南人民出版社，2010.

[11] 文志华. 咖啡加工技术[M]. 昆明：云南科技出版社，2011.

[12] 莫丽珍. 小粒种咖啡高产优质栽培技术图解[M]. 昆明：云南人民出版社，2012.

[13] 韩怀宗. 精品咖啡学（下册）[M]. 北京：中国戏剧出版社，2012.

[14] 石卓功. 经济林栽培学[M]. 昆明：云南科技出版社，2013：384-393.

[15] 郭芬. 咖啡深加工[M]. 昆明：云南大学出版社，2014.

[16] 李学俊. 小粒种咖啡栽培与初加工[M]. 昆明：云南大学出版社，2014.

[17] 陈治华. 小粒种咖啡初加工与设备[M]. 昆明：云南大学出版社，2014.

[18] 曾凡逵，欧仕益. 咖啡风味化学[M]. 广州：暨南大学出版社，2014.

[19] 李荣福，王海燕，龙亚芹. 中国小粒咖啡病虫草害[M]. 北京：中国农业出版社，2015.

[20]（英）詹姆斯·霍夫曼（James Hoffmann）著. 世界咖啡地图[M]. 王琪，谢博戎，黄俊豪译. 北京：中信出版社，2016.

[21] 黄家雄，罗心平. 咖啡研究六十年（1952-2016年）[M]. 北京：科学出版社，2018.

[22] 周华，郭铁英. 咖啡种质资源的收集、保存、鉴定评价及创新利用[M]. 昆明：云南大学出版社，2018.

[23] 吕玉兰. 小粒种咖啡叶片矿质养分周年变化的初步研究[J]. 云南热作科技，1994，17（3）：14-17.

[24] 罗心明. 云南热区咖啡种植气候条件的模糊区域性划分[J]. 云南热作科技，1994，17（4）：20-24.

[25] 陈伟强，李芹，等. 无荫蔽密植小粒种咖啡截杆更新改造试验及推广效应初报[J]. 云南热作科技，1995，18（2）：31-35.

[26] 吴坤南，张籍香，等. 小粒种咖啡品种与密度的产量效应[J]. 云南热作科技，1996，19（3）：16-17.

[27] 刘昌芬. 咖啡蚧虫的生物防治和云南咖啡害虫综合治理浅见[J]. 云南热作科技，1997，20（4）：20-23.

[28] 李岫峰. 云南干热区的咖啡生产[J]. 云南农业科技，1999，4：11-13.

[29] 吕玉兰，李岫峰，等. 怒江干热河谷土壤钾及咖啡植物钾素状况[J]. 云南热作科技，2000，23（1）：21-23.

[30] 李建洲. 干热区小粒咖啡栽培技术措施[J]. 云南热作科技，2000，23（3）：36-37.

[31] 周又生，赵忠喜，等. 咖啡灭字虎天牛生物生态学及发生危害规律和治理研究[J]. 西南农业大学学报，2002，24（1）：1-5.

[32] 李晓霞，张吉光，等. 云南不同海拔小粒种咖啡生长发育情况调查[J]. 云南热作科技，2002，25（4）：8-16.

[33] 蔡志全，蔡传涛，等. 施肥对小粒咖啡生长、光合特性和产量的影响[J]. 应用生态学报，2004，15（9）：1561-1564.

[34] 李贵平. 云南怒江干热河谷区咖啡绿蚧周年发生规律研究[J]. 热带农业科技，2004，27（3）：17-19，22.

[35] 李文伟，张洪波. 云南省小粒种咖啡根、茎、叶害虫[J]. 广西热带农业，2004，6（95）：35-37.

[36] 张箭. 咖啡的起源、发展、传播及饮料文化初探[J]. 中国农史，2006，2：22-29.

[37] 周华，李文伟，等. 云南小粒咖啡优良品种比较试验及丰产栽培示范[J]. 热带农业科技，2006，29（3）：1-5，28.

[38] 李贵平，杨世贵，等．云南咖啡种质资源调查和收集[J]．热带农业科技，2007，30（4）：17-19．

[39] 黄家雄，李贵平，等．咖啡种类及优良品种介绍[J]．农村实用技术，2009，1（104）：42-43．

[40] 黄家雄．咖啡育苗技术[J]．云南农业科技，2009（1）：38-39．

[41] 何红艳，刘光华，等．咖啡提取率影响因素初探[J]．广西农业科学，2010，41（3）：248-249．

[42] 陈德新，张箭．新中国咖啡产业60年的崛起历程[J]．热带农业科学，2010，30（11）：72-78．

[43] 张洪波，李维锐，等．云南咖啡品种使用研究及其创新应用[J]．热带农业科技，2011，31（10）：24-32．

[44] 吕玉兰，黄家雄．小粒种咖啡营养特性的初步研究[J]．热带农业科学，2012，32（10）：10-13．

[45] 王万东，龙亚芹，等．云南小粒咖啡病虫害调查研究[J]．热带农业科学，2012，32（10）：55-59．

[46] 武瑞瑞，李贵平，等．咖啡湿法加工过程中影响品质的因素分析[J]．热带农业工程，2012，36（05）：1-3．

[47] 莫丽珍，李学俊，等．咖啡品种特性及历史迁移[J]．热带农业科学，2012，32（11）：35-39．

[48] 李亚男，李荣福，等．咖啡主要栽培品种特性研究[J]．安徽农业科学，2012，35（40）：17038-17041．

[49] 李贵平，程金焕，等．咖啡育苗措施与立枯丝核菌防治效果的灰色关联度分析[J]．西南林业大学学报，2012，32（6）：19-24．

[50] 毕晓菲，胡发广，等．云南小粒咖啡不同初加工方法产出率的测定研究[J]．农产品加工（学刊），2013，7（232）：67-68，71．

[51] 黄家雄，程金焕，等．咖啡豆矿质养分初步分析研究[J]．云南农业科技，2013（06）：6-8．

[52] 黄家雄，吕玉兰，等．我国咖啡发展形势分析与对策[J]．中国热带农业，2014，01：8-11．

[53] 何红艳，程金焕，等．云南小粒咖啡品质影响因素研究与分析[J]．中国热带农业，2014（4）：8-10．

[54] 吕玉兰，黄家雄．小粒种咖啡品种的灰色关联度分析[J]．西南农业学报，2014，27（4）：1393-1398．

[55] 邱明华，张枝润，等．咖啡化学成分及健康[J]．植物科学学报，2014，32（05）：540-550．

[56] 黄家雄，吕玉兰，等．关于提高咖啡豆质量的建议[J]．中国热带农

业，2015，03（64）：16-17.

[57] 文志华，高玉梅，等. 咖啡湿法加工对咖啡品质影响探究[J]. 农村经济与科技，2016，12（392）：53-54.

[58] 程金焕，何红艳. 酶促发酵在咖啡初加工过程中的应用研究[J]. 安徽农业科学，2016，44（06）：83-84，90.

[59] 黄家雄，吕玉兰，等. 咖啡酶促脱胶技术试验初报[J]. 中国热带农业，2016，05（72）：62-65.

[60] 武瑞瑞，吕玉兰，等. 不同海拔咖啡果实性状分析[J]. 热带农业科学，2017，37（01）：43-47.

[61] 李亚男，黄家雄，等. 云南咖啡间套作栽培模式研究[J]. 热带农业科学，2017，37（10）：27-30，35.

[62] 李亚男，杨世贵，等. 不同采收期咖啡果实物理性状比较[J]. 热带农业科学，2017，37（03）：57-62.

[63] 何红艳，程金焕，等. 咖啡全热风烘焙技术使用效果与前景分析[J]. 农产品加工，2017，23（445）：56-58，61.

[64] 黄家雄，吕玉兰，等. 咖啡产业发展形势分析研究[A]. 亚洲咖啡协会成立大会暨2017亚洲咖啡年会论文集[C]. 亚洲咖啡协会年会组委会，2017，11.

[65] 黄家雄，孙有祥，等. 咖啡机械脱胶技术研发与推广[J]. 中国热带农业，2018（03）：65-68.

[66] 刘小刚，程金焕，等. 干热区小粒咖啡提质增产的灌水和遮阴耦合模式[J]. 应用生态学报，2018，29（4）：1140-1146.

[67] 李亚男，黄家雄，等. 怒江高海拔地区不同成熟期咖啡果实性状差异分析[J]. 农产品加工，2018（07）：58-61，64.

[68] 黄家雄，吕玉兰，罗映山，罗心平，程金焕. 咖啡品质比较分析研究初报[A]. 中国科学技术协会、云南省人民政府. 第十六届中国科协年会——分17精品咖啡豆认证与公平交易及庄园标准化国际论坛论文集[C]. 中国科学技术协会、云南省人民政府：2014：4.

[69] 邱明华，董锦润，王伟，王霞，李忠荣，等. 三代朱苦拉咖啡特征化学成分含量分析与健康功能[A]. 2017首届云南大理宾川朱苦拉咖啡论坛论文集[C]. 宾川县人民政府、云南省精品咖啡学会：2017：6.

[70] 黄家雄，吕玉兰，李贵平，张晓芳，罗心平. 咖啡产业发展形势分析研究[A]. 亚洲咖啡协会成立大会暨 2017亚洲咖啡年会论文集[C]. 亚洲咖啡协会年会组委会：2017：11.